华安HSE问答

第五册

储运安全

李　威◎主编

闫长岭　王殿明　金　龙◎副主编

HEALTH SAFETY
ENVIRONMENT

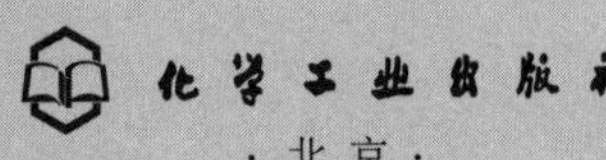

·北京·

内容简介

“石油和化学工业HSE丛书”由中国石油和化学工业联合会安全生产办公室组织编写，是一套为石油化工行业从业者倾力打造的专业知识宝典，分为华安HSE问答综合安全、工艺安全、设备安全、电仪安全、储运安全、消防应急6个分册，共约1000个热点、难点问题。本储运安全分册设9章，甄选138个热点问题，全面覆盖储罐安全管理、罐区防火、罐区围堰/防火堤、罐区重大危险源辨识、紧急切断系统及气体检测报警、仓库安全、装卸运输基础管理、特殊介质储运管理、气瓶储运安全等储运安全关键领域，为工程设计与实践操作提供全方位解决方案。

无论是石油化工一线生产和管理人员、设计人员，还是政府及化工园区监管人员，都能从这套丛书中获取有价值的专业知识与科学指导，以此赋能安全管理升级，护航行业行稳致远。

图书在版编目（CIP）数据

华安HSE问答. 第五册，储运安全 / 李威主编 ; 闫长岭，王殿明，金龙副主编. --北京 : 化学工业出版社，2025. 5（2025.7 重印）. --（石油和化学工业HSE丛书）. -- ISBN 978-7-122-47773-6

Ⅰ. TE687-44

中国国家版本馆CIP数据核字第2025HA5294号

责任编辑：张　艳　宋湘玲　　　　装帧设计：王晓宇
责任校对：王　静

出版发行：化学工业出版社
（北京市东城区青年湖南街13号　邮政编码100011）
印　　装：北京云浩印刷有限责任公司
710mm×1000mm　1/16　印张12　字数176千字
2025年7月北京第1版第2次印刷

购书咨询：010-64518888　　　　售后服务：010-64518899
网　　址：http://www.cip.com.cn
凡购买本书，如有缺损质量问题，本社销售中心负责调换。

定　　价：98.00元　

HSE

本分册编写人员名单

主　编：李　威

副主编：闫长岭　王殿明　金　龙

编写人员（按姓名汉语拼音排序）：

毕世强　蔡　震　曹洪营　陈金合　陈开未　程　珺
付国垒　高洪利　管华博　侯宗杰　黄昌盛　黄春燕
黄　永　贾海东　金　龙　孔祥云　李　俊　李　凯
李明波　李颂萍　李　威　李卫国　李文河　李燕虎
李中元　李宗杰　刘建民　刘建文　刘同发　马国强
马尚杰　盛敏兵　孙　琳　孙　巧　孙永飞　田向煜
田　野　汪学猛　王殿明　王　刚　王红莹　王虎荣
王　健　王建晓　王啟宏　王　芸　谢维增　徐斌华
许　飞　闫长岭　闫国涛　杨国强　于佩文　张　杰
张俊雷　张彦军　周　波　朱　雷　朱相国　邹　昱

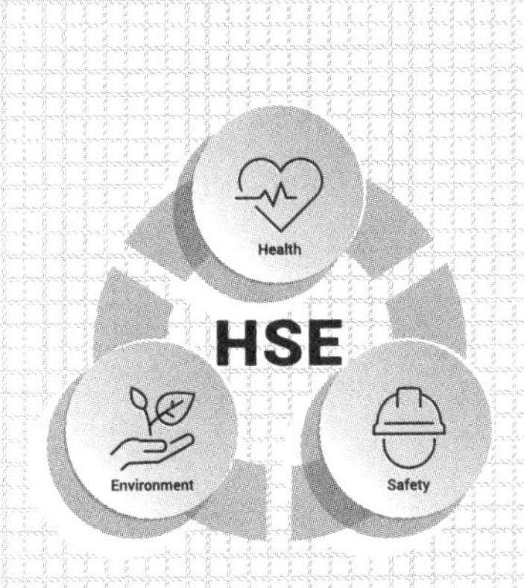

序 FOREWORD

在全面建设社会主义现代化国家的新征程上，习近平总书记始终将安全生产作为民生之本、发展之基、治国之要。党的二十大报告明确指出“统筹发展和安全”，为新时代石油化工行业安全生产工作指明了根本方向。

当前我国石化行业正处于转型升级的关键期，面对世界百年未有之大变局，安全生产工作肩负着新的历史使命。一方面，行业规模持续扩大、技术迭代加速带来新风险挑战；另一方面，人民群众对安全发展的期盼更加强烈，党中央对安全生产的监管要求更加严格。这要求我们必须以习近平新时代中国特色社会主义思想为指导，深入贯彻落实党的二十大精神，把党的领导贯穿安全生产全过程，以党建引领筑牢行业安全发展根基。

中国石油和化学工业联合会作为行业的引领者，始终以高度的使命感和责任感，将“推动行业 HSE 自律”作为首要任务，积极引导行业践行责任关怀。我们深刻认识到，提升行业整体安全管理水平，不仅是我们义不容辞的重要职责，更是我们对社会、对广大从业者应尽的庄严责任。

多年来，我们在行业自律与公益服务方面持续发力，积极搭建交流平台，组织各类公益培训与研讨会，凝聚行业力量，共同应对安全挑战。我们致力于传播先进的安全理念和管理经验，推动企业间的互帮互助与共同进步。同时，我们积极组织制定行业标准规范，引导企业自觉遵守安全法规，提升自律意识。

为了更好地服务行业，我们组织专家团队，历时五年精心打造了“石油和化学工业 HSE 丛书”。该丛书涵盖 6 个专业分册，覆盖石油化工各领域热点、难点和共性问题，通过系统、全面且深入的解答，为行业提供了极具价值的参考。

这套丛书是中国石油和化学工业联合会在引导行业安全发展方面的重

要里程碑式成果，也是众多专家多年智慧与心血的璀璨结晶。它不仅能够切实帮助从业者提升专业素养，增强应对安全问题的能力，也必将有力推动行业整体安全管理水平实现质的飞跃。

新时代赋予新使命，新征程呼唤新担当。希望全行业以丛书出版为契机，充分发掘和利用这套丛书的价值，深入学习贯彻习近平总书记关于安全生产的重要指示精神，坚持用党的创新理论武装头脑，把党的领导落实到安全生产各环节。让我们以“时时放心不下”的责任感守牢安全底线，以“永远在路上”的坚韧执着提升安全管理水平，共同谱写石化行业安全发展新篇章，为建设世界一流石化产业体系、保障国家能源安全作出新的更大贡献！

中国石油和化学工业联合会党委书记、会长

李寿鹏

2025年5月4日

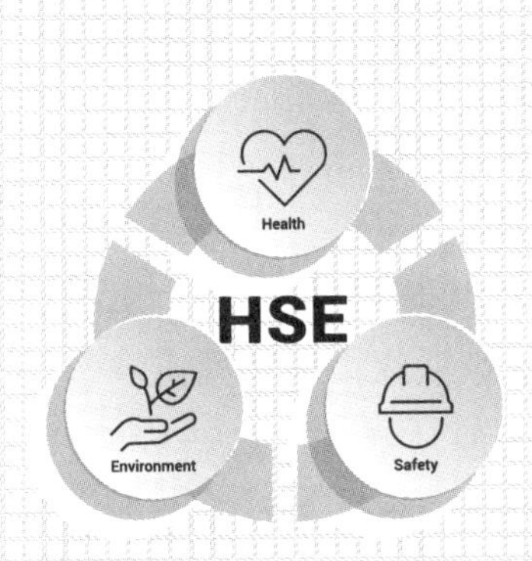

前言 PREFACE

在石油和化学工业的发展进程中，安全生产始终是悬于头顶的达摩克利斯之剑，关乎着行业的兴衰成败，更与无数从业者的生命福祉紧密相连。

近年来，随着社会对安全问题的关注度达到空前高度，安全监管力度也在持续强化。在这一背景下，化工作为高危行业，承受着巨大的安全管理压力。各类安全检查密集开展，安全标准如潮水般不断涌现，行业企业应接不暇，更面临诸多困惑与挑战。尤其是在安全检查的实际执行过程中，专家队伍专业能力参差不齐，对安全标准理解和执行存在差异，导致检查效果大打折扣，引发了一系列争议，也在一定程度上影响了正常的生产经营活动。

中国石油和化学工业联合会安全生产办公室肩负着推动行业安全生产进步的重要使命，始终密切关注行业企业的诉求。自 2020 年起，我们积极搭建交流平台，依托 HSE 专家库组建了“华安 HSE 智库”微信群，汇聚了来自行业内的 7000 余位专家精英。大家围绕 HSE 领域的热点、难点及共性问题，定期开展线上研讨交流，在思维的碰撞与交融中，不断探寻解决问题的有效途径。

专家们将研讨成果精心梳理、提炼，以“华安 HSE 问答”的形式在中国石油和化学工业联合会安全生产办公室微信公众号上发布，至今已推出 230 多期。这些问答以其深刻的技术内涵和强大的实用性，受到了行业内的广泛赞誉，为从业者提供了宝贵的参考和指引。然而，随着时间的推移和行业的快速发展，这些问答逐渐暴露出内容较为分散，缺乏系统性的知识架构，检索和学习不便以及部分法规标准滞后等问题。

为紧密契合石油和化学工业蓬勃发展的需求，我们精心组建了一支阵容强大、经验丰富的专家团队。经过长达五年的精雕细琢，正式推出“石油和化学工业 HSE 丛书”。这套丛书共分为 6 个分册，涵盖了综合安全、工艺安全、设备安全、电仪安全、储运安全以及消防应急各个专业安全层面，是行业内众多资深专家潜心研究的智慧结晶，不仅反映了当今石油化工安全领域的最新理论成果与良好实践，更填补了国内石化安全系统化知识库的空白，开创了“问题导向—实战解析—标准迭代”的新型知识生产模式。丛书采用问答形式，内容简明扼要、依据充分、实用性强、查阅便捷，既可作为企业主要负责人、安全管理人员的案头工具书，也可为现场操作人员提供“即查即用”的操作指南，对当前石油化工安全管理实践具有重要指导意义。

其中，本储运安全分册作为丛书中的重要组成部分，设置了 9 章，精心选取了 138 个热点问题，全面覆盖了储罐安全管理、罐区防火、罐区围堰 / 防火堤、罐区重大危险源辨识、紧急切断系统及气体检测报警、仓库安全、装卸运输基础管理、特殊介质储运管理、气瓶储运安全等储运安全的关键领域。通过详细、深入的问答解析，为石油化工行业的储运安全工程设计与实践操作提供了切实可行的全方位解决方案。

本丛书亮点突出，特色鲜明：一是严格遵循“三管三必须”原则，深度聚焦安全专业建设与专业安全管理，以系统性的阐述推动全员安全生产责任制的全面落实。从石油化工领域的基础原理到复杂工艺，从常规设备到特殊装置，内容全面且系统，几乎涵盖了石油化工各专业可能面临的安全问题，为安全生产提供全方位的技术支撑。二是具备极强的实用性。紧密贴合石油化工行业实际工作需求，精准直击日常工作中的痛点与难点，以通俗易懂的语言答疑解惑，让从业者能够轻松理解并运用到实际操作中，切实提升安全管理与操作执行水平。三是充分反映行业最新监管要求、标准规范以及实践经验，为读者提供最前沿、最可靠的安全知识。

我们坚信，“石油和化学工业 HSE 丛书”的出版，将为石油化工行业的安全生产管理注入新的活力，助力大家提升专业素养和实践能力。同时，由于编者学识所限，书中难免存在疏漏与不当之处，我们真诚地希望行业内的专家和广大读者能够对本书提出宝贵的意见和建议，以便我们不断完善和改进。

最后，向所有参与本丛书编写、审核和出版工作的人员表示衷心的感谢。正是因为他们的辛勤付出和无私奉献，这套丛书才得以顺利与大家见面。我们期待着本丛书能够成为广大石油化工领域从业者的良师益友，在行业安全发展的道路上发挥重要的灯塔引领作用，为推动石油和化学工业的安全、可持续发展贡献力量。

编写组

2025 年 3 月

免责声明

本书系中国石油和化学工业联合会HSE智库专家日常研讨成果的总结。书中所有问题的解答仅代表专家个人观点，与任何监管部门立场无关。

书中所引用的标准条款，是基于专家的日常工作经验及对标准的理解整理而成，旨在为使用者日常工作提供参考。鉴于实际工作场景的多样性与复杂性，使用者应依据具体情况，审慎选择适用条款。

需特别注意的是，相关标准与政策处于持续更新变化之中，使用者务必选用最新版本的法规标准，以确保工作的合规性与准确性。

本书最终解释权归中国石油和化学工业联合会安全生产办公室所有。中国石油和化学工业联合会对任何机构或个人因引用本书内容而产生的一切责任与风险，均不承担任何法律责任。

目录 CONTENTS

第一章

储罐安全管理

探秘储运安全，解答诸多实操与规范疑问，筑牢储运坚实屏障

——华安

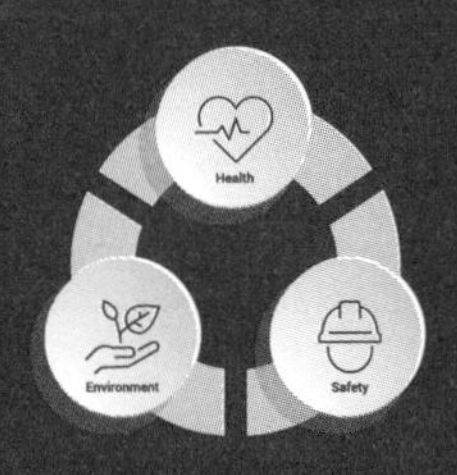

问 1 单车式罐车和罐式集装箱有什么区别?

答: 单车式罐车是必须有车头才可以牵引移动，有一体式罐车（车头和罐体连接在一起），也有分离式罐车（车头和罐体可以脱离开），罐式集装箱指的是采用集装箱外形的储罐，可以用车头牵引，也可以用专用正面吊车或侧面吊车进行移位。本质上可以看成是液体集装箱。

一体式罐车

分离式罐车

罐式集装箱

小结: 单车式罐车和罐式集装箱最显著的区别就是能否垂直移动，罐车集装箱可以垂直移动，而单车式罐车只能水平移动。

问 2 箱式液氯槽车可以作为固定式储罐使用吗?

答: 箱式液氯槽车若不属于单车式汽车罐车，可以临时作为固定式压力容器使用，但应符合液氯及移动式压力容器的相关安全条件要求，相关依据如下：

参考1 《氯气安全规程》(GB 1984—2008)

6.2.2　液氯用户不应将单车式汽车罐车作为储罐和气化罐使用。

参考2 《移动式压力容器安全技术监察规程》(TSGR 0005—2011)

第 2 号修改单

6. 增加:

“5.17　临时作为固定式压力容器使用

移动式压力容器临时作为固定式压力容器使用，应当满足以下要求:

(1) 在定期检验有效期内;

(2) 满足消防防火间距等规定的区域内使用，并且有专人操作;

(3) 制定专门的操作规程和应急预案，配备必要的应急救援装备。”

小结: 箱式液氯槽车可以临时作为固定式压力容器使用，但必须满足《移动式压力容器安全技术监察规程》(TSGR 0005—2011) 等的相关要求。

问 3 槽罐车通常情况下的充装系数是多少?

答: 首先是明确槽罐车的定义和出处，以及槽罐车上装载危险化学品对应负责实施安全监督管理的部门。

参考 1 质检总局关于修订《特种设备目录》的公告 (2014 年第 114 号)

压力容器是指盛装气体或者液体，承载一定压力的密闭设备，其范围规定为最高工作压力大于或者等于 0.1MPa (表压) 的气体、液化气体和最高工作温度高于或者等于标准沸点的液体、容积大于或者等于 30L 且内直径 (非圆形截面，指截面内边界最大几何尺寸) 大于或者等于 150mm 的固定式容器和移动式容器; 盛装公称工作压力大于或者等于 0.2MPa (表压)，且压力与容积的乘积大于或者等于 1.0MPa · L 的气体、液化气体和标准沸点等于或者低于 60℃液体的气瓶; 氧舱。该公告明确规定了铁路罐车 (代码 2210)、汽车罐车 (代码 2220) 均属于移动式压力容器 (代码 2200)。

参考 2 《危险化学品安全管理条例》(国务院令第 591 号，2013 年修正)

第六条　对危险化学品的生产、储存、使用、经营、运输实施安全监督管理的有关部门 (以下统称负有危险化学品安全监督管理职责的部门)，依照下列规定履行职责:

(三) 质量监督检验检疫部门负责核发危险化学品及其包装物、容器 (不包括储存危险化学品的固定式大型储罐，下同) 生产企业的工业产品生产许可证，并依法对其产品质量实施监督，负责对进出口危险化学品及其包装实施检验。

（五）交通运输主管部门负责危险化学品道路运输、水路运输的许可以及运输工具的安全管理，对危险化学品水路运输安全实施监督，负责危险化学品道路运输企业、水路运输企业驾驶人员、船员、装卸管理人员、押运人员、申报人员、集装箱装箱现场检查员的资格认定。铁路主管部门负责危险化学品铁路运输的安全管理，负责危险化学品铁路运输承运人、托运人的资质审批及其运输工具的安全管理。民用航空主管部门负责危险化学品航空运输以及航空运输企业及其运输工具的安全管理。

因此，槽罐车上质量监督检验检疫部门为交通运输主管部门、铁路主管部门、民用航空主管部门。

槽罐车是铁路罐车和汽车罐车的简称，是属于移动式压力容器的一种，其应符合《移动式压力容器安全技术监察规程》（TSGR 0005—2011）3.10.7 最大允许充装量：移动式压力容器的设计单位应当按照本规程的规定在设计图样上规定最大允许充装量。

最大允许充装量按照以下要求确定：

（1）充装液化气体和液体介质的罐体的最大允许充装量，按照介质在设计温度下罐体内留有 5% 气相空间确定；

（2）充装冷冻液化气体介质的罐体的最大允许充装量，按照本规程附件 D 的要求确定；

（3）充装压缩气体介质的罐体的最大允许充装量按照充装压力确定，并且满足设计温度下的工作压力小于或者等于设计压力的要求。

D3.2 充满率：

（1）充装易燃、易爆介质的真空绝热罐体，任何情况下的最大充满率不得大于 95%；

（2）充装其他介质的真空绝热罐体，任何情况下的最大充满率不得大于 98%。

D3.3 额定充满率：

（1）充装易燃、易爆介质的真空绝热罐体，额定充满率不得大于 90%；

（2）充装其他介质的真空绝热罐体，额定充满率不得大于 95%。

另外，按照《道路运输液体危险货物罐式车辆 第 1 部分：金属常压罐体技术要求》（GB 18564.1—2019），其修改了最大允许充装量的计算方法及要求，适用范围为同时满足下列条件的罐体：

a）充装介质为液体危险货物的；

b）正常运输过程中的工作压力小于 0.1MPa 的；

c）金属材料制造且与定型汽车底盘或与罐式半挂车行走机构为永久性连接的。

小结： 槽罐车的充装系数根据标准规定的最大允许充装量和槽罐车的物理容积来进行确定。

问 4 储存丙烯酸甲酯要求的储罐形式是什么？氮封对氧含量有什么要求？

答： 当丙烯酸甲酯的储存容量大于 100m^3 时，使用的储罐形式应为内浮顶储罐。当储存容量小于 100m^3 时，可采用固定顶储罐。

氮封的气源要用空气和氮气的混合气，不是纯氮。CEFIC（欧洲化学品协会）给出：氧含量在 6%～10% 的氧气氮气混合气对罐内进行气膜覆盖。可采取的做法是做一个混合气罐，接氮气和压缩空气，在线测定氧含量在 6%～10% 之间，接入原有的氮封系统。这是很成熟的做法。

小结： 当丙烯酸甲酯的储存容量大于 100m^3 时，使用的储罐形式应为内浮顶储罐。当储存容量小于 100m^3 时，可采用固定顶储罐。其氮封中氧含量应确保维持惰性气体空间的要求。

问 5 储罐使用多久后要做基础沉降方面的评估？

答： 根据《立式圆筒形钢制焊接油罐操作维护修理规范》（SY/T 5921—2017），主要是针对 15×10^{4}m^3 及以下立式圆筒形钢制焊接油罐。其他储存介质和容量的储罐可参照执行。

5.8.1.1　新建储罐投产后 3 年内（含 3 年），应每年对基础沉降进行一次检测；储罐投用 3 年之后，结合储罐大修进行检测。

5.8.1.2　在储罐运行过程中，如发生地震、塌方等自然灾害，或者发现罐体或基础存在异常现象，应立即对基础沉降进行检测；检测项目和评定标准应遵照 5.8.2 的规定。

5.8.1.3 油罐基础检测和评定，由使用单位组织有关专业技术人员或委托专门机构进行，检测评定的结果及处理建议等，应报送上级主管部门审查，并存入设备档案，据以确认进行修理的必要性并制定修理方案等。

因此，储罐地基沉降的评估周期并非固定，而是根据储罐的投用时间、大修计划及可能发生的自然灾害或异常情况来确定的。

小结：储罐基础沉降的评估周期根据储罐的投用时间、大修计划及可能发生的自然灾害或异常情况来确定的。

问 6 轻质油储罐通气孔和呼吸阀该如何设置?

具体问题：储运轻质油储罐罐壁四周上部没有通气孔，现只有顶部一个呼吸阀，不符合《立式圆筒形钢制焊接油罐设计规范》要求。如何理解?

答：针对不同的储存介质，有不同的安全要求。

参考1 《立式圆筒形钢制焊接油罐设计规范》(GB 50341—2014)

2.0.19 环向通气孔指的是：设置在内浮顶油罐罐壁上或固定顶上，沿环向分布的通气装置。

9.7.1 无密闭要求的内浮顶油罐应设置环向通气孔。环向通气孔应设置在设计液位以上的罐壁或固定顶上。当环向通气孔设置在固定顶上时，不应被积雪堵塞。通气孔应沿圆周均匀分布，最大间距应为 10m，且不得少于 4 个。

9.7.2 无密闭要求的固定顶中心最高位置应设置罐顶通气孔，有效通风面积不应小于 300cm^2。附录 A 微内压油罐 A.2 通气装置，A.2.1、A.2.2 对于未锚固微内压罐，在正常使用条件下应设置的通气装置为呼吸阀。呼吸阀的规格和数量应使排气时的最高内压 P 小于按本规范式（A.3.2）与式（A.3.3）计算的压力较小者。A.3 罐顶与罐壁的连接结构，A.3.2～A.3.5 参照 API 650，对原规范的原有条款和计算公式进行了调整和修改。

参考2 《石油库设计规范》(GB 50074—2014)

6.2.5 覆土立式油罐的罐室设计应符合下列规定：罐室顶部周边应均布设置采光通风孔。直径小于或等于 12m 的罐室，采光通风孔不应少于 2 个；直径大于 12m 的罐室，至少应设 4 个采光通风孔。

6.4.4　下列储罐通向大气的通气管管口应装设呼吸阀：

1　储存甲 B、乙类液体的固定顶储罐和地上卧式储罐；

2　储存甲 B 类液体的覆土卧式油罐；

3　采用氮气密封保护系统的储罐。

储罐通向大气的通气管上装设呼吸阀是为了减少储罐排气量，进而减少油气损耗。储存丙类液体的储罐因呼吸损耗很小，故可以不设呼吸阀。

参考 3《立式圆筒形钢制焊接储罐安全技术规程》（AQ 3053—2015）

12.2.1　压力限制附件

下列情况的储罐，应相应地设置限制超压的安全附件：

a）无密闭要求的固定顶储罐或内浮顶储罐，应设置通气孔。

b）浮顶上应装设自动通气阀，其流通面积和数量按收发储存介质时的最大流量确定。

e）储存甲$_B$、乙类液体的固定顶储罐，或有密闭要求的储罐，应根据设计要求装设呼吸阀。呼吸阀的规格和数量，应满足 SH/T 3007—2014 的要求。

f）固定顶储罐若罐顶与罐壁连接处不满足 GB 50341—2003 的弱顶连接条件，且所设置的呼吸阀不能满足紧急状态下的通气要求时，还应设置紧急通气装置。

参考 4《石油化工储运系统罐区设计规范》（SH/T 3007—2014）

5.1.3　下列储罐通向大气的通气管上应设呼吸阀：储存甲$_B$、乙类液体的固定顶储罐和地上卧式储罐：采用氮气或其他惰性气体密封保护系统的储罐。

5.1.7　通气管或呼吸阀的规格应按确定的通气量和通气管或呼吸阀的通气量曲线来选定，也可参照 API 2000 的导则来进行计算。当缺乏通气管或呼吸阀的通气量曲线时，可按表 5.1.7-1 和表 5.1.7-2 确定（请具体参阅 SH/T 3007—2014 规范），但应在呼吸阀规格表中注明需要的通气量。依据储罐容量、进（出）储罐的最大液体量，选择通气管（或呼吸阀）个数。

小结：储罐罐壁上设不设通气口，是根据所储存的介质危险性类别和是否有密闭要求来确定的。

问 7 甲酸（可燃和腐蚀性）储罐采用什么材质比较好？

答：甲酸（HCOOH）是一种具有可燃性和腐蚀性的有机物，因此在选择其储罐的材质时，首要考虑的是该材质对甲酸的耐腐蚀能力。以下是对甲酸储罐材质选择的要求：

(1) 聚乙烯（PE）或其他耐酸碱腐蚀的材料：这类材料在耐腐蚀性方面表现较好，能确保储罐的安全和稳定运行。它们还具备优良的密封和耐磨损性能，有助于减少泄漏和损坏的风险。

(2) 玻璃钢（FRP）：玻璃钢储罐不仅耐腐蚀，还具有重量轻和耐压性能强的优点。然而，其成本相对较高，且长期户外使用可能因紫外线照射而破裂，因此需特别注意。

(3) 不锈钢：不锈钢储罐在耐腐蚀性能方面表现卓越，特别适合存储高腐蚀性液体。虽然成本较高，但在某些特定情况下，如高温或高压环境，可能需要进行特殊处理或合金化以增强其性能。特别地，钢衬 PE 罐也是一个值得考虑的选项，因为它结合了钢和 PE 的优点。此外，甲酸可能会引起奥氏体不锈钢的晶间腐蚀，因此在一定浓度和温度下，316 不锈钢是一个合适的选择。

(4) 除了耐腐蚀性和成本，还需要考虑制造工艺、使用寿命、维护成本和环保要求等因素。同时，储罐的设计必须符合防火、防爆、防雷击等安全标准和规范。

综上所述，对于甲酸（可燃和腐蚀性）储罐，聚乙烯、玻璃钢和不锈钢都是合适的材质选择。但具体选择哪种材质，应综合考虑实际适用场景、相关行业标准规范的强制要求（如石油库和石化企业都要求采用钢制储罐）、安全要求和成本效益。

小结：甲酸储罐选用哪种防腐材质，应综合考虑实际使用场景、安全要求和成本效益。

问 8 是否所有的液氯储槽管道出口都必须设置柔性连接？

具体问题：《危险化学品企业隐患排查治理导则》要求大储量液氯储槽（罐）管道出口柔性连接，是否必须设置？另外“大储量”有无明确规定数量值，某企业有一液氯储槽容积 $30m^3$，是否属于大储量?

答:《危险化学品企业隐患排查治理导则》要求大储量液氯储槽（罐）的管道出口应设置柔性连接。同时，液氯管道不得采用软管连接，应使用其他形式的柔性连接。因此，在实际应用中，应综合考虑安全应力的消除措施，并根据标准和实际情况综合判定。

参考 1《氯气安全规程》(GB 11984—2008)

7.2.2　大储量液氯储槽（罐）其液氯出口管道，应装设柔性连接或者弹簧支吊架，防止因基础下沉引起安装应力。

参考 2《石油化工企业设计防火标准》(GB 50160—2008，2018 年版)

7.2.18　液化烃、液氯、液氨管道不得采用软管连接。

这意味着即使对于需要柔性连接的情况，也不能使用软管，而应采用其他形式的柔性连接或支吊架。

软管是属于薄弱环节，标准未明确规定的，基于国家安全监管总局、住房城乡建设部《关于进一步加强危险化学品建设项目安全设计管理的通知》（安监总管三〔2013〕76 号），可以做个 $30m^3$ 液氯扩散模拟试一下，其实这和装置的封闭应急吸收系统大小有关，不过 GB 50160—2008 未说明存量限制条件，但明确规定，液氯管道不得采用软管连接。当然，这个需要考虑安全应力的消除的措施，根据标准和实际（地基下沉引起应力变化）风险综合判定。

小结: 液氯储槽设不设柔性连接是根据储罐本身产生的沉降量来确定的，沉降量的确定由设计院根据罐体尺寸和介质重量综合确定。

问 9　针对液氮气化器结霜问题，是否有好的解决方法?

答: 结霜的主要原因:

（1）使用量太大导致结霜严重。

（2）气化器设计选型过小，瞬时通过量太大，导致结霜严重。

解决办法:

（1）适当降低使用量。

（2）增加气化器（设置气化器的时候，气化器采用一用一备，同时气化器的气化能力适当提高，比如说 1.5 倍）。

(3) 可以几个气化器并联使用，使用过程中若一个结霜比较严重时切换到另一个。

(4) 人工除霜，有些企业先用手工方法使设备表面附着冰霜层脱落，然后用蒸汽消除，此方法简单有效。

液氮结霜的主要原因通常包括液氮使用量过大和气化器设计选型不当导致瞬时通过量过大。针对这些原因，可以采取降低液氮使用量、增加气化器数量或提高气化能力、并联使用气化器并定期切换除霜等解决办法。这些方法的选择和应用应根据实际情况进行，以达到最佳的除霜效果。

结霜问题有效的解决方法主要包括：控制湿度、加强绝缘、优化液氮管理以及定期维护和清洁等。具体而言，通过保持存放液氮罐区域的相对湿度低、使用除湿机调节室内湿度、在液氮罐内放置干燥剂等方法，可以减少湿气导致的结霜。同时，加强液氮罐的绝缘性能，如增加保护层、选择保温性能良好的罐体材质，能够减少外界温度对液氮罐内部温度的影响。此外，合理控制液氮供应量、定期检查液氮罐液位、及时清理罐内冷凝物等措施也有助于减少结霜。如果液氮罐已经出现结霜，可以采用加热设备融化霜冻或手工清除霜冻，但需注意避免过度加热或对管线造成损坏。通过综合运用这些措施，可以有效地解决液氮结霜问题。

小结： 液氮结霜的问题普遍存在，解决这个问题需采用具有针对性的措施，可参考上述推荐的措施。

问 10 储罐为什么要氮封？

答： 储罐氮封其实是一种向储存容器的顶部空间填充惰性气体的工艺，通常用于保护内部成分因氧气存在而发生氧化、腐蚀、聚合、降解、形成爆炸性混合物等现象。

例如，《石油化工企业设计防火标准》(GB 50160—2008，2018 年版) 5.7.6 规定：生产或储存不稳定的烯烃、二烯烃等物质时应采取防止生成过氧化物、自聚物的措施。如丁二烯、异戊二烯、氯丁二烯等在有空气、氧气或其他催化剂的存在下能产生有分解爆炸危险的聚合过氧化物。苯乙烯、丙烯等也是不稳定的化合物，在有空气或氧气的存在下，储存时间过长，易自聚放出热量，造成超压而爆破设备。丁二烯在生产、储存过程中，为防止生成过氧化物而采取的措施有：(5) 严禁与空气、氧化氮和含氧的氮气长时间接触，一般控制丁二烯气相中含氧量小于 0.3%。

氮封系统通常被设计成可在高于大气压力的条件下运行，这样可防止外部空气进入容器当中，从而防止储罐气相空间产生爆炸性环境。由于许多工艺不希望存在空气中的氧气与湿气，因此从石油化工、食品、饮料、制药与纯净水制造等，许多行业采用氮封工艺。

小结：增加氮封是一种本质安全措施，企业在不违背规范标准基本要求前提下，可以根据自己安全的需要，增加氮封。

问 11 规范要求哪些储罐应设置氮封系统？对储罐氮封操作压力有何要求？

答：以下规范可参考：

参考 1 《气封的设置》(HG/T 20570.16—1995)

1.0.1.1 为防止储罐内物料因与进入的外界气体（空气）接触而被污染变质或与外界进入的气体（空气）发生化学和（或）生物反应，常需设置气封系统，用气封气使储罐内维持一定压力（正压），防止储罐内物料与外界气体接触。

参考 2 《石油化工企业设计防火标准》(GB 50160—2008，2018 年版)

6.2.2 当单罐容积小于或等于 $5000m^3$ 的内浮顶储罐采用易熔材料制作的浮盘时，应设置氮气保护等安全措施；

6.2.2 条文解释：对于有特殊要求的甲、乙液体物料，如苯乙烯、加氢原料、丙烯腈等易聚合、易氧化或有毒的液体物料，选用固定顶储罐或卧式储罐加氮封储存也是可行的；

6.2.4A：储存温度超过 120℃的重油固定顶罐应设置氮气保护。

6.2.4 条文解释：采用固定顶罐或低压储罐储存甲类液体时，为了防止油气大量挥发和改善储罐的安全状况，应采取减少日晒升温的措施。其措施主要包括固定式冷却水喷淋（雾）系统、气体放空或气体冷凝回流、加氮封或涂刷隔热涂料等。

参考3 《精细化工企业工程设计防火标准》(GB 51283—2020)

5.1.1 使用或生产甲、乙类物质的工艺系统设计，应符合下列规定：

2 对于间歇操作且存在易燃易爆危险的工艺系统宜采取氮气保护措施。

对于含挥发性有机物的废气处理系统的氮封，GB 51283—2020 第 5.1.5 条文解释：1）对于会产生高浓度有机废气的反应罐、储罐、过滤器等设备，为避免与氧气形成爆炸性混合物，应采用氮封系统保护，并以正压输送方式输送到废气总管。

6.2.2 单罐容积不小于 100m³ 的甲 $_B$、乙 $_A$ 类液体储存应选用内浮顶罐。采用固定顶罐或低压罐时，应采用氮气或惰性气体密封，并采取减少日晒升温的措施。

6.2.2 条文解释，对于单罐容积小于 100m³ 或易氧化、易聚合等有特殊要求的甲 $_B$、乙 $_A$ 类液体物料储存，可选用固定顶罐加氮气或惰性气体密封。

参考4 《石油库设计规范》(GB 50074—2014)

6.1.2 储存沸点低于 45℃或 37.8℃的饱和蒸气压大于 88kPa 的甲 $_B$ 类液体，应采用压力罐、低压罐或低温常压储罐，并应符合下列规定：

2 选用低温常压储罐时，应采取下列措施之一：

1）选用内浮顶储罐，应设置氮气密封保护系统，并应控制储存温度使液体蒸气压不大于 88kPa；

2）选用固定顶储罐，应设置氮气密封保护系统，并应控制储存温度低于液体闪点 5℃及以下。

条文说明：当选用内浮顶储罐、固定顶储罐储存沸点低于 45℃或在 37.8℃时的饱和蒸气压大于 88kPa 的甲 $_B$ 类液体时，应设置氮气密封保护系统。当采用容量小于或等于 10000m³ 的固定顶储罐、低压储罐或容量不大于 100m³ 的卧式储罐储存沸点不低于 45℃或在 37.8℃时的饱和蒸气压不大于 88kPa 的甲 $_B$、乙 $_A$ 类液体和轻石脑油时，应设置氮气密封保护系统。储存Ⅰ、Ⅱ级毒性的甲 $_B$、乙 $_A$ 类液体储罐应设置氮封保护系统。有些甲 $_B$、乙 $_A$ 类液体化工品有防聚合等特殊储存需要，不适宜采用内浮顶储罐，可选用固定顶储罐、低压储罐和容量小于或等于 50m³ 的卧式储罐，但应采取氮封等安全保护措施，典型的易自聚不稳定的丁二烯、苯乙烯储罐，应设置氮封系统，防止空气进入储罐。

参考5 《石油化工储运系统罐区设计规范》(SH/T 3007—2014)

3.5　可燃液体储罐的操作压力应按下述原则确定:

b) 采用氮气密封保护的储罐，其操作压力宜为0.2～0.5kPa。其他设置有呼吸阀的储罐，其操作压力宜为1～1.5kPa;

4.2.4　储存沸点低于45℃或在37.8℃时饱和蒸气压大于88kPa的甲$_B$类液体，应采用压力储罐、低压储罐或降温储存的常压储罐，并应符合下列规定:

a) 选用压力储罐或低压储罐时，应采取防止空气进入罐内的措施，并应密闭收集处理罐内排出的气体;

b) 选用降温储存的常压储罐时，应采取下列措施之一:

——选用内浮顶储罐，设置氮气或其他惰性气体密封保护系统，控制储存温度使液体蒸气压不大于88kPa;

——选用固定顶储罐，设置氮气或其他惰性气体密封保护系统，控制储存温度低于液体闪点5℃及以下;

——选用固定顶储罐，设置氮气或其他惰性气体密封保护系统，控制储存温度使液体蒸气压不大于88kPa，密闭收集处理罐内排出的气体。

4.2.5　储存沸点大于或等于45℃或在37.8℃时饱和蒸气压不大于88kPa的甲$_B$、乙$_A$类液体，应选用浮顶储罐或内浮顶储罐。其他甲$_B$、乙$_A$类液体化工品有特殊储存需要时，可以选用固定顶储罐、低压储罐和容量小于或等于100m^{3}的卧式储罐，但应采取下列措施之一:

——设置氮气或其他惰性气体密封保护系统，密闭收集处理罐内排出的气体;

——设置氮气或其他惰性气体密封保护系统，控制储存温度低于液体闪点5℃及以下。

4.2.10　储存Ⅰ、Ⅱ级毒性的甲、乙类液体储罐不应大于10000m^3，且应设置氮气或其他惰性气体密封保护系统。

7　储罐防腐及其他

7.4　储存易氧化、易聚合不稳定的物料时，应采取氮气覆盖隔绝空气的措施。

小结: 从上面几个规范来看，对各种储罐储存何种物料、蒸汽压力、温度情况下设置氮封有了明确的要求，氮封操作压力也有具体数据。

问 12 氮封的氮气纯度依据什么原则设置?

答: 化工储罐氮封，更多考虑的是防爆，将可燃气体的浓度惰化到远远低于爆炸浓度下限。根据这个原则，我们可以参考《惰化防爆指南》(GB/T 37241—2018) 中附录 A 的内容，理论上可以根据各种可燃气体介质的极限氧浓度来选择我们氮封的纯度值，例如二硫化碳介质，极限爆炸氧浓度为 3.0%，那么我们只需要保证氮气的纯度大于 (1%～3.0%)= 0.97，也就是大于 97% 的浓度即可。

港口储运对这方面的研究比较多:

参考 1 《国际油轮与油码头安全指南 (第 5 版)》

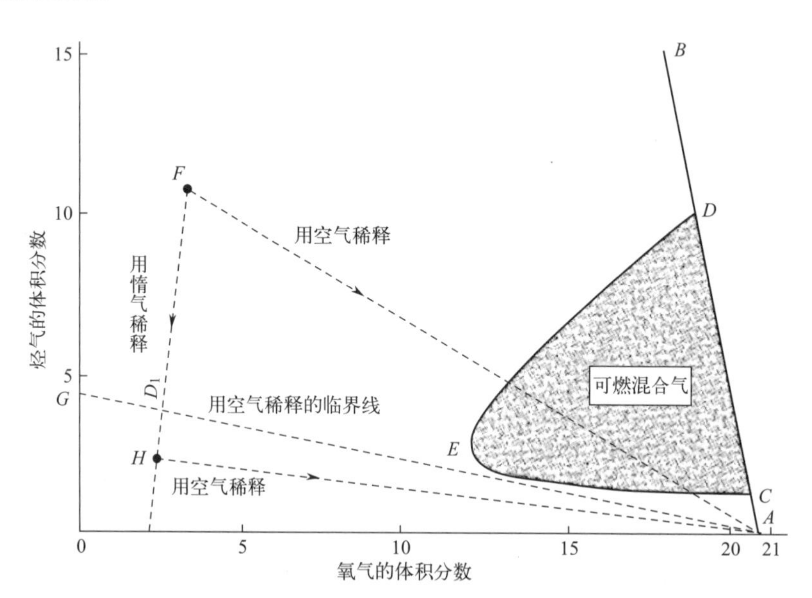

图 1.1 可燃性构成图示——烃气、空气、惰性气体混合气体

(此图只作为图解说明，不可用于决定实际认可的气体组成成分)

在图 1.1 上，由于加入了空气或惰性气体而使混合气体成分发生的变化，是以沿着指向 *A* 点纯空气的直线移动来表示，或者是以沿着指向氧气含量坐标轴上相应于在加入惰气份额某一点的直线移动来表示的。图上画出的这两条直线用于由起始点所代表的混合气体。

从图 1.1 可以明显地看出，随着在烃气 / 空气的混合气体中增加惰性气体，可燃范围逐渐缩小，直到氧气含量 (体积分数) 降至通常认为大约

11% 这样的水平时，就没有混合气体能够燃烧。本指南为了使惰化的混合气体留有安全余地而在此数值之外将氧气含量的数字限定为 8% 的体积比。

参考 2 《码头油气回收处理设施建设技术规范》(JTS 196-12—2023)

4.1.7　船岸安全装置应能对油气氧含量进行监测和报警，码头接收船舶油气氧含量体积分数达到 6% 时应进行报警；达到 8% 时应进行氧含量超标控制，其相关控制措施应符合现行行业标准《码头油气回收船岸安全装置》(JT/T 1333—2020) 的有关规定。

参考 3 《码头油气回收船岸安全装置》(JT/T 1333—2020)

5.16.3　氧含量超标控制

氧含量超标控制系统应依靠装置进气端的氧含量传感器提供的油气氧含量实时监测数据进行控制，油气氧含量达到体积分数 8% 时，应自动实施氧含量超限控制，自动报警并关闭电动切断阀，同时开启电动卸载阀实施紧急排放。

5.16.4　惰化控制

惰化控制系统监测到船岸安全装置油气氧含量达到体积分数 6% 时应报警，并启动惰化系统。惰化调节阀接受船岸安全装置自控系统给出的指令，控制气输入量，保持油气氧含量体积分数在 6% 以下。

根据上述资料可以得知，在烃类蒸气与空气的混合物中，氮气含量大于 92% 就不会发生爆炸。

小结：对于氮气纯度的选择，主要取决于储罐内物料的性质、储存条件以及防止氧化、聚合等反应的需要设置。不同的物料储罐，需要按照规定设置氮封，建议根据物料特性的爆炸极限范围、闪点、蒸汽压力、沸点等参数要求，综合考量设计相匹配的氧气浓度范围，也就间接地定义了氮气纯度。

问 13 氮封氮气的纯度是多少？

答：参考如下：

参考 1 《纯氮、高纯氮和超纯氮》(GB/T 8979—2008)

用作保护气体的纯氮纯度最低是 99.99%

参考 2 《石油化工氮氧系统设计规范》(SH/T 3106—2019)

5.1.4 产品氮气（液氮）的纯度及压力，应符合下列规定：

空分装置生产氮气（液氮）的纯度应符合用户要求。采用空气分离制取的氨气分为三级，工业氮：其氮含量（体积分数）大于或等于99.2%；纯氮：其氮含量（体积分数）大于或等于99.99%：高纯氮：其氮含量（体积分数）大于或等于99.999%。

因此，工业氮气纯度为99.2%，纯氮为99.99%。

小结：用于储罐氮封的氮气纯度，建议不应低于99.2%，宜大于等于99.99%。

因此，氮封主要用于保护储罐内的物料，防止因氧气存在而发生氧化、腐蚀、聚合、降解、形成爆炸性混合物等现象。特别适用于储存不稳定、易聚合、易氧化或有其他特殊要求的液体物料。《石油化工企业设计防火标准》（GB 50160—2008，2018年版）、《精细化工企业工程设计防火标准》（GB 51283—2020）、《石油库设计规范》（GB 50074—2014）、《石油化工储运系统罐区设计规范》（SH/T 3007—2014）标准均有要求。对于氮气浓度和纯度的选择，主要取决于储罐内物料的性质、储存条件以及防止氧化、聚合等反应的需要。通常情况下，氮封系统应确保储罐内的氧气含量低于一个安全阈值，以防止氧化反应。纯度方面，应使用高纯度的氮气，以避免引入其他可能引发化学反应的杂质。具体的氮气浓度和纯度要求应根据物料的性质和相关标准来确定。在实际应用中，建议咨询相关领域的专家或查阅具体的行业标准和规范，以确保氮封系统的设计和运行符合安全要求。

问 14 带氮封的内浮顶储罐浮盘可以落底吗？

答：这个是分场景的。正常运行中的内浮顶储罐是禁止浮盘落底的。参考如下：

参考1 《国家安全监管总局关于进一步加强化学品罐区安全管理的通知》（安监总管三〔2014〕68号）

正常操作时严禁内浮顶罐浮盘和物料之间形成空间，特殊情况下确需超低液位操作时，在恢复进料时，要确保进料流速小于限定流速，以防产生静电引发事故。

参考2 《油气罐区防火防爆十条规定》(安监总政法〔2017〕15号)

六、严禁内浮顶储罐运行中浮盘落底。

对于特殊场景下，包括储罐清空检修、储罐物料更换等场景，浮盘是必须落底的，此状况下，需做好安全防护措施，包括诸如通风、气体检测、使用防爆工机具器材等措施。

小结： 带氮封的储罐在确保氮气稳定的情况下是可以落底的，但是建议非必要尽量不要浮盘落底。

问15 弹簧支座是否属于柔性连接?

答： 属于。

参考1 《石油化工储运系统罐区设计规范》(SH/T 3007—2014)

第5.3.10条及其条文说明。储罐的主要进出口管道，应采用柔性连接方式，并应满足地基沉降和抗震要求。柔性连接包括金属软管、弹簧支架、自然弯曲补偿等方式。

参考2 《关于印发中国石化易燃和可燃液体常压储罐区整改指导意见(试行)的通知》(安非〔2018〕477号)

第4.3.1条罐前管道柔性连接可采用下列3种方式:

A）以管道布置形式（如L形、Z形或U形)，增加管道自身柔性。

B）采用金属软管增加管道柔性。

C）采用弹簧支吊架增加管道柔性。

小结： 弹簧支座属于柔性连接的类型之一，但需要委托专业设计院进行计算选型，确保能真正起到柔性作用。

问16 可燃液体是从储罐底部进料还是使用插入管(距底部200mm)进料?

答： 可燃液体进入储罐，应从罐体下部接入；当工艺要求需从上部接入时，应将其延伸到储罐下部。

参考1 《石油化工企业设计防火标准》(GB 50160—2008，2018年版)

6.2.24 储罐的进料管应从罐体下部接入；若必须从上部接入，宜延伸至距罐底200mm处。

条文说明：储罐进料管要求从储罐下部接入，主要是为了安全和减少损耗。可燃液体从上部进入储罐，如不采取有效措施，会使可燃液体喷溅，这样除增加物料损耗外，同时增加了液流和空气摩擦，产生大量静电，达到一定电位，便会放电而发生爆炸起火。例如，某厂一个罐从上部进油而发生爆炸起火；某厂的一个500m^{3}的柴油罐，因为油品从扫线管进入油罐，落差5m，产生静电引起爆炸；某厂添加剂车间400m^{3}的煤油罐，也是因进油管从上部接入，油品落差6.1m，进油时产生静电引起爆炸，并引燃周围油罐，造成较大损失。所以要求进油管从油罐下部接入。当工艺要求需从上部接入时，应将其延伸到储罐下部。对于个别储罐，如催化油浆罐，进料管距罐底太近容易被催化剂堵塞，可适当抬高。因为其产生静电的危害性较小，故将原条文中“应”改为“宜”。

7.2.14 当可燃液体容器内可能存在空气时，其入口管应从容器下部接入；若必须从上部接入，宜延伸至距容器底200mm处。

条文说明：从容器上部向下喷射输入容器内时，液体可能形成很高的静电压，据北京劳动保护研究所测定，汽油和航空煤油喷射输入形成的静电压高达数千伏，甚至在万伏以上，这是很危险的。因为带电荷的液体被喷射输入其他容器时，液体内同符号的电荷将互相排斥而趋向液体的表面，这种电荷称为“表面电荷”。表面电荷与器壁接触，并与吸引在器壁上的异符号电荷再结合，电荷即逐渐消失，所需时间称为“中和时间”。中和时间主要决定于液体的电阻，可能是几分之一秒至几分钟。当液体表面与金属器壁的电压差达到相当高并足以使空气电离时，就可能产生电击穿，并有火花跳向器壁，这就是点火源。容器的任何接地都不能迅速消除这种液体内部的电荷。若必须从上部接入，应将入口管延伸至容器底部200mm处。

参考2 《山东省可燃液体、液化烃及液化毒性气体汽车装卸设施安全改造指南》（鲁安办函〔2024〕2号）

二、装车方式

6. 采用上部装车方式的，应使用液下装车鹤管，保证鹤管安放到位，装车鹤管口距离槽车底部不得大于200mm；严禁鹤管使用楔形管口，避免尖端静电放电。

参考3 《石油化工液化烃球形储罐设计规范》(SH 3136—2003)

7.2　液化烃球形储罐的进料管，应从罐体下部接入；若必须从上部接入，应延伸至距罐底200mm处。

小结：可燃液体物料进入储罐的进料管，应从罐体下部接入；当工艺要求需从上部接入时，应将其延伸到储罐下部。

问 17 储罐检修，罐顶通风除了使用轴流风机，还能用什么其他设备通风？有没有不需要用电的通风机？

答：可采用免电力风机，也可采用气动的通风机，但可能无法保障储罐内部是否具备检修条件。

小结：储罐检修通风机的选择，优先选用气动类型的，如果选用电动的，需使用防爆风机。

问 18 双氧水储罐基础采用砖混加沥青是否符合要求？

答：不符合要求。

参考1 《石油化工企业设计防火标准》(GB 50160—2008，2018年版)

第6.1.1条：可燃气体、助燃气体、液化烃和可燃液体的储罐基础、防火堤、隔堤及管架（墩）等，均应采用不燃烧材料。防火堤的耐火极限不得小于3h。

参考2 《建筑设计防火规范》(GB 50016—2014，2018年版)

第3.1.1条文说明：本条规定了生产的火灾危险性分类原则：(4) 火灾危险性分类中应注意的几个问题：

2）甲类火灾危险性的生产特性“甲类”第5项：生产中的物质有较强的氧化性。有些过氧化物中含有过氧基（—O—O—），性质极不稳定，易放出氧原子，具有强烈的氧化性，促使其它物质迅速氧化，放出大量的热量而发生燃烧爆炸。该类物质对于酸、碱、热、撞击、摩擦、催化或与易燃品、还原剂等接触后能迅速分解，极易发生燃烧或爆炸，如氯酸钠、氯酸钾、过氧化氢、过氧化钠等的生产。

4）丙类火灾危险性的生产特性“丙类”第1项参见前述说明。可熔化的可燃固体应视为丙类液体，如石蜡、沥青等。

参考3 《建筑设计防火规范》（GB 50016—2014，2018年版）

表3.1.1 生产火灾危险性分类：过氧化氢属于甲5类，即遇酸、受热、撞击、摩擦、催化以及遇有机物或硫黄等易燃的无机物，极易引起燃烧或爆炸的强氧化剂。

双氧水即过氧化氢，根据火灾危险性分类为甲类；根据《常用危险化学品的分类及标志》为第5类有机过氧化物，具有易燃易爆，极易分解的特性。

沥青为可熔化的可燃固体，根据火灾危险性分类沥青属于丙类液体。

小结： 企业的双氧水储罐基础不可以采用砖混加沥青。

问 19 硫酸是否属于极度危害介质？

答： 发烟硫酸（CAS号8014-95-7）属于极度危害，其余硫酸（CAS号7664-93-9）不属于极度危害。

参考1 《石油化工有毒、可燃介质钢制管道工程施工及验收规范》（SH/T 3501—2021）

表A.2 常用有毒介质危害程度等级，其中极度危害列举的是发烟硫酸。

参考2 《压力容器中化学介质毒性危害和爆炸危险程度分类标准》（HG/T 20660—2017）

将硫酸确定为常见的极度危害物质，依据就是硫酸为G1（明确属于人类致癌物），根据GBZ 230—2010《职业性接触毒物危害程度分级》，明确属于人类致癌物的，直接列为极度危害。致癌物的认定机构为IARC（International Agency for Research on Cancer），根据该WHO下属组织官方网站数据，硫酸未被认定为G1，而是酸雾（Acid mists，strong inorganic）被认定为G1级致癌物。所以，硫酸是否属于极度危害物质，关键因素为其是否产生酸雾。稳定的硫酸不属于极度危害物质，产生酸雾的发烟硫酸为极度危害物质。

小结： 发烟硫酸（CAS号8014-95-7）属于极度危害，其余硫酸（CAS号

7664-93-9）不属于极度危害。

问 20 储存 200m³ 丁酮或 100m³ 双氧水（50% 浓度），其储罐类型怎么选择？

答： 丁酮又名甲乙酮，闪点 –9℃，属于甲 $_B$ 类液体，200m³ 的丁酮储罐建议优先做内浮顶；双氧水（50% 浓度）储罐不能做成内浮顶。

参考 1 《石油库设计规范》（GB 50074—2014）

6.1.3　储存沸点不低于 45℃或在 37.8℃时的饱和蒸气压不大于 88kPa 的甲 $_B$、乙 $_A$ 类液体化工品和轻石脑油，应采用外浮顶储罐或内浮顶储罐。有特殊储存需要时，可采用容量小于或等于 10000m³ 的固定顶储罐、低压储罐或容量不大于 100m³ 的卧式储罐，但应采取下列措施之一：

1　应设置氮气密封保护系统，并应密闭回收处理罐内排出的气体；

2　应设置氮气密封保护系统，并应控制储存温度低于液体闪点 5℃及以下。双氧水易分解产生氧气，且分解会放热导致物料温度升高产生膨胀，采用内浮顶罐不利于分解物质的扩散，易在设备内引发事故。

参考 2 《石油化工企业设计防火标准》（GB 50160—2008，2018 年版）

6.2.2　储存甲 $_B$、乙 $_A$ 类的液体应选用金属浮舱式的浮顶或内浮顶罐。对于有特殊要求的物料或储罐容积小于或等于 200m³ 的储罐，在采取相应安全措施后可选用其他型式的储罐。

小结： 上述两个标准对 200m³ 的甲 $_B$ 类液体储罐的浮顶类型，都做出了明确的要求，由于行业不同，要求有一些细微差别。企业应根据行业属性，依据相关标准选定即可。

问 21 可燃液体储罐是否需要配备两种不同类别的液位检测仪表？

答： 需要。

参考 1 《易燃易爆罐区安全监控预警系统验收技术要求》（GB 17681—1999）

5.5 液体储罐必须配置液位检测仪表，同一储罐至少配备两种不同类别的液位检测仪表；

参考2 《液化天然气接收站工程设计规范》（GB 51156—2015）

9.2 过程检测仪表的

9.2.4 液位仪表应符合下列规定：

1. 液化天然气储罐设置的两套独立的液位计宜采用伺服液位计；

2. 液化天然气储罐用于高液位监测的液位计宜采用雷达或伺服液位计；

3. 用于测量液化天然气的雷达液位计的天线宜选用波型或平面型；

参考3 《油气储存企业安全风险评估指南（试行）》（应急管理部，2021年5月）

第4章 重点评估内容及检查表

4.4 仪表安全风险评估

4.4.2 仪表安全风险评估检查表中第38条，液化天然气储罐应符合下列规定：

1. 应设置2套独立的液位计，应设置2套独立的液位计，达到高高液位或低低液位时应报警和联锁；

2. 应设置1套独立的、用于高液位监测的液位计，达到高高液位时应报警和联锁。

参考4 《石油化工储运系统罐区设计规范》（SH/T 3007—2014）

5.4.5 储罐的高高、低低液位报警信号的液位测量仪表应采用单独的液位连续测量仪表或液位开关；

6.3.4 压力储罐应另设一套专用于高高液位报警并联锁切断储罐进料管道阀门的液位测量仪表或液位开关。

参考5 《液化天然气（LNG）生产、储存和装运》（GB/T 20368—2021）

11.1.2.1 LNG容器液位仪表的设置应符合下列规定：

a）容积小于4m^{3}的容器应设置1套固定长度汲取管式或其他测量原理的液位仪表；

b）容积为4～114m^{3}的容器应设置1套能从满罐到空罐连续检测的液位仪表；

c）容积大于114m^{3}的容器应设置2套独立的液位仪表，液位仪表应能适应液体密度的变化；

d）容积大于或等于 4m³ 的容器设置的液位仪表应报警和联锁；

e）容积大于 114m³ 的容器宜设置 1 套独立的、用于高液位检测的液位仪表，达到高高液位时应报警和联锁。液位高高报警点的设置应使操作人员有足够的时间来停止进液，避免液位超出最大允许充装高度；

f）容器应设置独立的高液位进料切断装置；

g）液位仪表的设计和安装应使其更换不影响设备操作。

11.1.2.2　制冷剂和可燃工艺流体储罐液位仪表的设置应符合下列规定：

a）储罐应设置 2 套独立的液位仪表；

b）如果容积大于 114m³ 的储罐有可能过量充装，宜设置 1 套独立的、用于高液位检测的液位仪表，达到高高液位时应报警和联锁；

c）储罐应设置独立的高液位进料切断装置。

注：可燃工艺流体包括天然气凝液和凝析油。

小结：可燃液体储罐需要配备两种不同类别的液位检测仪表，以防止共因失效。

问 22 什么规范要求丁二烯储罐的储存系数不应大于 0.8？

答：对丁二烯要求储存系数的规范详见以下条文和指南：

参考 1《丁二烯安全风险隐患排查指南（试行）》

5.1　丁二烯储罐的储存系数不应大于 0.8。

参考 2《关于督促指导有关企业开展丁二烯安全风险隐患排查整治的通知》丁二烯安全风险隐患排查指南（试行）

3.2.5　丁二烯储罐的储存系数不应大于 0.8。

参考 3《中国石油天然气股份有限公司丁二烯物料生产储运安全管理规定》第三章第六条

（六）储罐存储系数应小于 0.80。

（七）应尽量缩短物料在储罐内的储存时间，原则上静置时间不应超过 4 天，以减少聚合物的产生。

小结：《丁二烯安全风险隐患排查指南（试行）》要求丁二烯储罐的储存系数不应大于 0.8。

问 23 哪个规范要求储罐需要设液位计?

答: 相关标准参考如下:

参考 1 《石油化工企业设计防火标准》(GB 50160—2008,2018 年版)

6.3.11 液化烃的储罐应设液位计、温度计、压力表、安全阀,以及高液位报警和高高液位自动联锁切断进料措施。对于全冷冻式液化烃储罐还应设真空泄放设施和高、低温度检测,并应与自动控制系统相联。

参考 2 《石油库设计规范》(GB 50074—2014)

15.1.4 用于储罐高高、低低液位报警信号的液位测量仪表应采用单独的液位连续测量仪表或液位开关,并应在自动控制系统中设置报警及联锁。

参考 3 《液化烃球形储罐安全设计规范》(SH 3136—2003)

5.3.1 液化烃球形罐应设就地和远传的液位计,但不宜选用玻璃板液位计。所采用的液位计应安全、可靠,并尽可能减少在液化烃球形罐上的开孔数量。

参考 4 《立式圆筒形钢制焊接储罐安全技术规范》(AQ 3053—2015)

12.2.2 液位限制附件

可燃液体储罐,应按规范的要求和操作需要设置液位计和高 - 低液位报警装置、高高液位报警装置,并将报警及液位显示信息传至控制室。频繁操作的储罐宜设自动联锁紧急切断装置。

参考 5 《石油化工储运系统罐区设计规范》(SH/T 3007—2014)

5.4 仪表选用与安装

5.4.1 容量大于 $100m^3$ 的储罐应设液位测量远传仪表。

第 4.1.8 条 储罐的设计储存高液位应符合下列规定:

a) 固定顶罐的设计储存高液位宜按下式计算:

$$h = H_1 - (h_1 + h_2 + h_3) \quad \cdots\cdots\cdots\cdots \quad (4.1.8\text{-}1)$$

式中 h——储罐的设计储存高液位,m;

H_1——罐壁高度,m;

h_1——泡沫产生器下缘至罐壁顶端的高度,m;

h_2——10～15min 储罐最大进液量折算高度,m;

h_3——安全裕量，m，可取 0.3m（包括泡沫混合液层厚度和液体的膨胀高度）。

b）浮顶罐、内浮顶罐的设计储存高液位宜按下式计算：

$$h = h_4 - (h_2 + h_5) \qquad \cdots\cdots\cdots\cdots\cdots \quad (4.1.8\text{-}2)$$

式中　h_4——浮顶设计最大高度（浮顶底面），m；

h_5——安全裕量，m，可取 0.3m（包括液体的膨胀高度和保护浮盘所需裕量）。

c）压力储罐的设计储存高液位宜按下式计算：

$$h = H_2 - h_2 \qquad \cdots\cdots\cdots\cdots\cdots \quad (4.1.8\text{-}3)$$

式中　H_2——液相体积达到储罐计算容积的 90% 时的高度，m。

4.1.9　储罐的设计

储存低液位应符合下列规定：

a）应满足从低液位报警开始 10～15min 内泵不会发生汽蚀的要求：

b）浮顶储罐或内浮顶储罐的设计储存低液位宜高出浮顶落底高度 0.2m；

c）不应低于罐内加热器的最高点。

小结：储罐设置液位计应按相关标准要求进行，并保证高高液位和低低液位的正确性。

问 24 设备储罐是否需要加设备位号、设备信息卡？

答：需要。

参考 国家安全监管总局《关于加强化工过程安全管理的指导意见》（安监总管三〔2013〕88 号）

第（十六）建立并不断完善设备管理制度。建立设备台账管理制度。企业要对所有设备进行编号，建立设备台账、技术档案和备品配件管理制度，编制设备操作和维护规程。设备操作、维修人员要进行专门的培训和资格考核，培训考核情况要记录存档。

企业要对所有设备进行编号。

小结：为了便于检索及台账管理，所有设备应进行编号，并建立技术档案。

问 25 柴油储罐两处接地有相关标准吗？

答： 对于储罐接地的数量，标准是有明确的要求的，如下：

参考 1 《石油库设计规范》（GB 50074—2014）

14.2.1 钢储罐必须做防雷接地，接地点不应少于 2 处。

参考 2 《石油与石油设施雷电安全规范》（GB 15599—2009）

4.1.2 金属储罐应作环形防雷接地，其接地点不应少于两处，并应沿罐周均匀或对称布置，其罐壁周长间距不应大于 30m。接地体距罐壁的距离应大于 3m。引下线宜在距离地面 0.3～1.0m 之间装设断接卡，用两个型号为 M12 的不锈钢螺栓加防松垫片连接。宜将储罐基础自然接地体与人工接地装置相连接，其接地点不应少于两处。冲击接地电阻不应大于 10Ω。

参考 3 《建筑物雷电防护装置检测技术规范》（GB/T 21431—2023）

5.5.2.13.1 要求：建筑物的引下线数量和间距符合下列规定。

a）建筑物易受雷击的部位应设自然引下线或专设引下线，且不应少于 2 根。引下线应沿外轮廓均匀设置。

b）各类防雷建筑物引下线的平均间距应符合表 4 的规定。第一类防雷建筑物引下线的数量、间距还应符合 GB 50057—2010 中 4.2.1 第 4 款、4.2.2 第 1 款、4.2.3 第 7 款的规定。

c）有爆炸危险的露天钢质封闭气罐（塔）的接地点不应少于 2 处，两接地点间距不宜大于 30m；

d）高度不超过 40m 的烟囱，可只设 1 根引下线，超过 40m 时应设 2 根引下线。可利用螺栓或焊接连接的一座金属爬梯作为 2 根引下线用。

表 4 各类防雷建筑物引下线的平均间距

建筑物的防雷分类	间距 /m
第一类	≤ 12
第二类 [a]	≤ 18
第三类	≤ 25

a 高度超过 250m 或年预计雷击次数大于 0.42 次的第二类防雷建筑物，自然引下线的间距不应大于 12m。

小结： 柴油储罐需按照规范进行接地，且接地电阻应小于 10Ω。

问 26 二甲苯储罐罐顶氮封阀前有压力表，阀后还需要再装压力表吗？

答： 需根据实际配置情况而定。

基于风险的角度考虑，阀后设置压力表，可以对氮气调节阀阀前和阀后的压力进行对比，检查氮气调节阀是否正常工作，以确保内浮顶罐氮封正常投用。另外如果内浮顶储罐罐顶本身已经安装了压力表的话，可以不用在氮气调节阀后再增加压力表。

小结： 为了便于查看氮封阀前后的压力，需要在氮封阀后或者储罐罐顶加装压力表。

问 27 半冷冻式液化烃储罐的使用温度有没有要求？

答： 半冷冻式液化烃储罐有使用温度方面的要求，详情参考以下：

参考1 《液化烃球形储罐安全设计规范》（SH 3136—2003）

4.1.1　b）凡设计温度下限低于或等于 –20℃时，球形储罐的设计、制造、组焊、检验与验收应符合 GB 12337—2014《钢制球形储罐》中附录 A《低温球形储罐》标准的规定。

4.1.2　b）当壳体的金属湿度受大气环境气温条件影响时，其最低设计湿度可按该地区气象资料，取历年来月平均最低气温的最低值。

注：月平均最低气温是指当月各天的最低气温加后除以当月的天数，月平均最低气温的最低值，是气象部门实测的十年逐月平均最低气温资料中的最小值。

参考2 《钢制球形储罐》（GB 12337—2014）

附录 E　低温球形储罐

E.1　总则

E.1.1　本附录适用于设计温度低于 –20℃的碳素钢和低合金钢制低温球形储罐的设计、制造、组焊、检验与验收。

E.1.2　本附录未作规定者，应符合本标准各相关章节的要求。

E.1.3　由于环境温度的影响，导致操作条件下球壳的金属温度低于 –20℃时，也应遵循本附录的规定。

注：环境温度是指球罐使用地区历年来“月平均最低气温”的最低值。“月平均最低气温”是指当月各天的最低气温值相加后除以当月的天数。

E.1.4 当球壳或其受压元件使用在“低温低应力工况”下，若其设计温度加50℃（对于不要求焊后热处理的球罐，加40℃）后不低于–20℃，除另有规定外不必遵循本附录的规定。

低温低应力工况是指球壳或其受压元件的设计温度虽然低于–20℃，但其设计应力（在该设计条件下，球罐元件实际承受的最大一次总体薄膜应力）小于或等于钢材标准室温屈服强度的1/6，且不大于50MPa时的工况。

低温低应力工况不适用于钢材标准抗拉强度下限值$R_m \geqslant 540$MPa的低温球罐。

低温低应力工况不适用于螺栓（螺柱）材料；螺栓（螺柱）材料的选用应考虑螺栓（螺柱）和球壳设计温度间的差异。

E.2 材料

E.2.1 钢材

E.2.1.1 低温球罐受压元件用钢板和锻件必须是氧气转炉或者电炉冶炼的镇静钢，同时还应采用炉外精炼工艺。低温球罐用钢板应为正火或调质状态。钢材的使用温度下限应符合第4章的相关规定，当符合E.1.4所规定的低温低应力工况时，可以按设计温度加50℃（对于不要求焊后热处理的球罐，加40℃）后的温度值选择材料。

小结：半冷冻式液化烃储罐的使用应和材质相匹配。

问 28 危险化学品压力罐液位计数量是怎么规定的?

具体问题：危险化学品压力罐，有现场液位计，仪表指示两套，一套远程指示或控制，一套进出口阀联锁。若没有现场液位计，三套液体仪表。不知这些要求是否符合标准?

答：不符合。

参考1 《石油化工储运系统罐区设计规范》（SH/T 3007—2014）

6.3.2 压力储罐液位测量应设一套远传仪表和一套就地指示仪表，就地指示仪表不应选用璃板液位计。

6.3.4 压力储罐应另设一套专用于高高液位报警并连锁切断储罐进料管道阀门的液位测量仪表或液位开关。

参考2《石油化工液化烃球形储罐设计规范》（SH 3136—2003）

5.3.1　液化烃球形储罐应设就地和远传的液位计，但不宜选用玻璃板液位计。所采用的液位计应安全、可靠，并尽可能减少在液化烃球形储罐上的开孔数量。

5.3.2　液化烃球形储罐应设高液位报警器和高高液位连锁。必要时应加设低液位报警器。

参考3《液化天然气（LNG）生产、储存和装运》（GB/T 20368—2021）

11.1.2.2　制冷剂和可燃工艺流体储罐液位仪表的设置应符合下列规定：

a）储罐应设置2套独立的液位仪表；

b）如果容积大于114m^{3}的储罐有可能过量充装，宜设置1套独立的、用于高液位检测的液位仪表，达到高液位时应报警和联锁；

c）储罐应设置独立的高液位进料切断装置。

注：可燃工艺流体包括天然气凝液和凝析油。

参考4《关于氯气安全设施和应急技术的指导意见》（中国氯碱工业协会〔2010〕协字第070号）

第一条　液氯储槽（罐）液面计应采用两种不同方式，采用现场显示和远传液位显示仪表各一套，远传仪表宜采用罐外测量的外测式液位计。

参考5《江苏省重点化工企业全流程自动化控制改造验收规范（试行）》

5.6.7　带有高液位联锁功能的可燃液体和剧毒液体储罐应配备两种不同原理的液位计或液位开关，安全仪表系统高液位联锁测量仪表和基本控制回路液位计应分开设置。压力储罐应设压力就地测量仪表和压力远传仪表，并使用不同的取源点。压力储罐液位测量应设一套远传仪表和就地指示仪表，并应另设一套专用于高高液位或低低液位联锁切断储罐进（出）料阀门的液位测量仪表或液位开关。

小结：危险化学品压力罐应当设置就地显示仪表。

问29　有毒液体储罐与可燃液体储罐不应布置在同一罐组内的依据是什么？

答：有毒液体储罐与可燃液体储罐不应布置在同一罐组内，依据如下：

参考1 《石油库设计规范》(GB 50074—2014)

5.1.6 储存Ⅰ、Ⅱ级毒性液体的储罐应单独设置储罐区。

参考2 《储罐区防火堤设计规范》(GB 50351—2014)

3.2.1 同一防火堤内的地上油罐布置应符合下列规定:

第7款 储存Ⅰ级和Ⅱ级毒性液体的储罐不应与易燃和可燃液体储罐布置在同一防火堤内。

小结: 有毒液体储罐与可燃液体储罐由于其危险特性不同，火灾危险性不同，故不应布置在同一个罐组内。

问30 $100m^3$以下可燃液体储罐氮封后能否直接按照内浮顶储罐对待?

答: 依据企业适用的具体规范来执行。

参考1 《石油化工企业设计防火标准》(GB 50160—2008，2018年版)

4.2.12 注5: 依据当固定顶可燃液体罐采用氮气密封时，其与相邻设施的防火间距可按浮顶、内浮顶罐处理。

参考2 《精细化工企业工程设计防火标准》(GB 51283—2020)

4.2.9 注3: 当储罐采用氮气密封时，其与相邻生产设施的防火间距应按丙$_A$类储罐的规定。《石油库设计规范》(GB 50074—2014) 中，并无采用氮封后储罐可以降低防火间距或者按照浮顶储罐处理的要求。因此，不能直接将可燃液体储罐氮封后作为内浮顶储罐对待。

参考3 《石油库设计规范》(GB 50074—2014)

6.1.3 储存沸点不低于45℃或在37.8℃时的饱和蒸气压不大于88kPa的甲$_B$、乙$_A$类液体化工品和轻石脑油，应采用外浮顶储罐或内浮顶储罐。有特殊储存需要时，可采用容量小于或等于$10000m^3$的固定顶储罐、低压储罐或容量不大于$100m^3$的卧式储罐，但应采取下列措施之一:

1 应设置氮气密封保护系统，并应密闭回收处理罐内排出的气体;

2 应设置氮气密封保护系统，并应控制储存温度低于液体闪点5℃及以下。因此，在石油库中，符合上述条件的储罐应采用氮封措施，但是氮封后未明确提出按照内浮顶储罐对待。

小结： 企业应根据自己适用的防火规范，参照上述标准规范的内容来判断氮封后的储罐能否按照内浮顶储罐对待。

问 31 设计的应急罐备用罐可以储存物料吗？

答： 应急罐备用罐正常是不能储存物料的，只能在应急状态下储存紧急倒空的物料。

小结： 应急罐备用罐正常情况下是不能储存物料的。

问 32 加油站增加的 LNG 加气项目，需做 HAZOP 吗？3 轴以上车辆可以进站吗？

答： 1. 第一个问题加油站增加的 LNG 加气项目，形成加油加气合建站，HAZOP 分析需要在基础设计阶段开展。具体请参照应急部网站对类似问题的回复意见。

2. 关于第二个问题是否需要限制 3 轴以上车辆进站加油，无据可依。消防要求设转弯半径。因为不同等级的加油站，会需要不同等级的消防车进行救援，所以在设计的时候要考虑消防车辆的转弯半径。

参考 《汽车加油加气加氢站技术标准》(GB 50156—2021)

5.0.2　站区内停车位和道路应符合下列规定：

1　站内车道或停车位宽度应按车辆类型确定。CNG 加气母站内单车道或单车停车位宽度不应小于 4.5m，双车道或双车停车位宽度不应小于 9m；其他类型汽车加油加气加氢站的车道或停车位，单车道或单车停车位宽度不应小于 4m，双车道或双车停车位宽度不应小于 6m。

2　站内的道路转弯半径应按行驶车型确定，且不宜小于 9m。

3　站内停车位应为平坡，道路坡度不应大于 8%，且宜坡向站外。作业区内的停车场和道路路面不应采用沥青路面。

小结： 涉及危险化学品的建设项目，需要在初步设计阶段做 HAZOP 分析。关于加油加气站内是否限制 3 轴以上车辆进站加油，没有明文规定。

HEALTH SAFETY
ENVIRONMENT

第二章

罐区防火

全面解析罐区防火间距、消防设施配置等设计内容，构建严密火灾防控屏障，有效降低火灾风险。

——华安

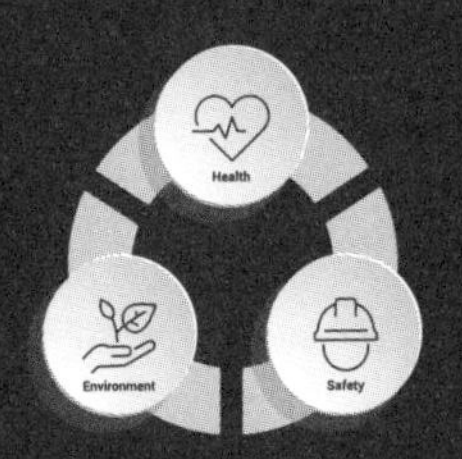

问 33 苯、混合芳烃罐区和液化烃类罐区周边能不能绿化?

答: 可以,具体要求如下:

参考 1 《石油库设计规范》(GB 50074—2014)

5.3.4 石油库的绿化应符合下列规定:

1. 防火堤内不应植树;

2. 消防车道与防火堤之间不宜植;

3. 绿化不应妨碍消防作业。

参考 2 《石油化工企业设计防火标准》(GB 50160—2008,2018年版)

4.2.11 厂区的绿化应符合下列规定:

1 生产区不应种植含油脂较多的树木,宜选择含水分较多的树种;

2 工艺装置或可燃气体、液化烃、可燃液体的罐组与周围消防车道之间不宜种植绿篱或茂盛的灌木丛;

3 在可燃液体罐组防火堤内可种植生长高度不超过15cm、含水分多的四季常青的草皮;

4 液化烃罐组防火堤内严禁绿化;

5 厂区的绿化不应妨碍消防操作。

参考 3 《精细化工企业工程设计防火标准》(GB 51283—2020)

4.2.8 厂区的绿化应符合下列规定:

1 不应妨碍消防操作;

2 液化烃罐(组)防火堤内严禁绿化;

3 生产设施或可燃气体、液化烃、可燃液体储罐(组)与周围消防车道之间不宜种植绿篱或茂密的灌木丛。

参考 4 根据《石油化工厂区绿化设计规范》(SH/T 3008—2017)

5.2 罐区和装卸设施区

5.2.2 可燃液体罐组防火堤周围的绿化,应符合下列要求:

1)树木与相邻储罐的距离,应大于其成树高度的1.1倍;

2)树木的成树高度应矮于与其相邻的储罐高度;

3）罐组与其相邻的消防道之间，不宜种植绿篱或茂密的灌木丛；

4）不得妨碍消防作业和安全检查。

5.2.3　可燃气体、液化烃罐组防火堤内严禁绿化；防火堤与周围消防道之间不宜绿化。

5.2.4　铁路和汽车装卸设施区的绿化，不应妨碍安全行车视线、信号及照明；不得种植含油脂的树种。

5.2.5　可燃液体罐区、液化烃的罐区、铁路及汽车装卸设施区，与工艺装置区、公用设施区和辅助生产设施区相邻的一侧，宜种植易吸附油气的树种；靠厂区边缘的一侧，宜种植含水分多的阔叶乔木。

小结： 罐区尽量采用硬化地面，如要进行绿化，应不妨碍人员和消防车辆的通行，且不得种植含油脂的树种。

问 34　可燃液体储罐组内排水设施如何设置？

答： 可燃液体储罐组内排水设施应满足以下要求：

参考 1《储罐区防火堤设计规范》(GB 50351—2014)

3.2.9　防火堤内排水设施的设置应符合下列规定：

1. 防火堤内应设置集水设施，连接集水设施的雨水排放管道应从防火堤内设计地面以下出堤，并应采取安全可靠的截油排水措施；

2. 在年累积降雨量不大于 200mm 或降雨在 24h 内可渗完，且不存在环境污染的可能时，可不设雨水排除设施。

带切断阀的集水井要有水，油在上面，不会跑掉。简单地说就是水垫层的作用，高进低出，油污被截流下来进入污水系统进行其他处置，水从低处排出。阀门平时都是常闭，防止泄漏物料外流雨水系统。

参考 2《石油化工企业设计防火标准》(GB 50160—2018)

7.3.3　生产污水管道的下列部位应设水封，水封高度不得小于 250mm：

1　工艺装置内的塔、加热炉、泵、冷换设备等区围堰的排水出口；

2　工艺装置、罐组或其他设施及建筑物、构筑物、管沟等的排水出口；

小结： 罐组内的排水设施要保证排水量的需求，却应做好油水分离。

问 35 罐组与生产装置区的防火距离是以罐壁还是防火堤为起点？

答： 罐组分为装置罐组及工厂罐组。工厂罐组相关规范的防火距离均以罐外壁作为起止点。装置罐组在 GB 50160—2014 中要求是以 4.2.12 条文说明中要求装置储罐组以防火堤中心线作为起止点。

参考 1 《建筑设计防火规范》（GB 50016—2014，2018 年版）

（1）第 4.2.1 条：甲、乙、丙类液体储罐（区）和乙、丙类液体桶装堆场与其他建筑的防火间距，不应小于表 4.2.1 的规定。

表 4.2.1 甲、乙、丙类液体储罐（区）和乙、丙类液体桶装堆场与其他建筑的防火间距（m）

类别	一个罐区或堆场的总容量 V(m³)	建筑物				室外变、配电站
		一、二级		三级	四级	
		高层民用建筑	裙房，其他建筑			
甲、乙类液体储罐（区）	$1 \leqslant V < 50$	40	12	15	20	30
	$50 \leqslant V < 200$	50	15	20	25	35
	$200 \leqslant V < 1000$	60	20	25	30	40
	$1000 \leqslant V < 5000$	70	25	30	40	50
丙类液体储罐（区）	$5 \leqslant V < 250$	40	12	15	20	24
	$250 \leqslant V < 1000$	50	15	20	25	28
	$1000 \leqslant V < 5000$	60	20	25	30	32
	$5000 \leqslant V < 25000$	70	25	30	40	40

注：1 当甲、乙类液体储罐和丙类液体储罐布置在同一储罐区时，罐区的总容量可按 1m³ 甲、乙类液体相当于 5m³ 丙类液体折算。

2 储罐防火堤外侧基脚线至相邻建筑的距离不应小于 10m。

3 甲、乙、丙类液体的固定顶储罐区或半露天堆场，乙、丙类液体桶装堆场与甲类厂房（仓库）、民用建筑的防火间距，应按本表的规定增加 25%，且甲、乙类液体的固定顶储罐区或半露天堆场，乙、丙类液体桶装堆场与甲类厂房（仓库）、裙房、单、多层民用建筑的防火间距不应小于 25m，与明火或散发火花地点的防火间距应按本表有关四级耐火等级建筑物的规定增加 25%。

（2）附录 B　防火间距的计算方法：

B.0.2　储罐之间的防火间距应为相邻两储罐外壁的最近水平距离。

储罐与堆场的防火间距应为储罐外壁至堆场中相邻堆垛外缘的最近水平距离。

B.0.5　建筑物、储罐或堆场与道路铁路的防火间距，应为建筑外墙、储罐外壁或相邻堆垛外缘距道路最近一侧路边或铁路中心线的最小水平距离。

参考 2　《石油化工企业设计防火标准》（GB 50160—2008，2018 年版）

条文解释说明中第 4.2.12 条节选内容：工艺装置、设施之间的防火间距，无论相互间有无围墙，均以装置或设施相邻最近的设备或建筑物作为起止点（装置储罐组以防火堤中心线作为起止点）。防火间距起止点的规定见本标准附录 A。

附录 A　防火间距起止点

A.0.1　区域规划、工厂总平面布置，以及工艺装置或设施内平面布置的防火间距起止点为：储罐或罐组——罐外壁

参考 3　《石油库设计规范》（GB 50074—2014）

附录 A　计算间距的起讫点：

表 A　计算间距的起讫点：地上立式储罐、地上和覆土卧式油罐与建（构）筑物、设施和设备计算间距的起讫点为罐外壁；覆土立式油罐与建（构）筑物、设施和设备计算间距的起讫点为罐室内墙壁及其出入口。

参考 4　《精细化工企业工程设计防火标准》（GB 51283—2020）

5.5.1　甲、乙、丙类车间储罐（组）应集中成组布置在生产设施边缘，并应符合下列规定：

1　每种物料的储量不应超过生产设施 1d 的需求量或产出量，且可燃气体总容积不应大于 1000m^3，液化烃总容积不应大于 100m^3，可燃液体总容积不应大于 1000m^3；

2　不得布置在封闭式厂房或半敞开式厂房内；

3　与生产设施内其它厂房、设备、建筑物的防火间距应符合本标准第 5.5.2 条的规定。

表 5.5.2-1 车间储罐（组）与厂房（生产设施）的防火间距（m）

项目				变配电室、控制室、机柜间、化验室、办公室	明火设备或散发火花设备	封闭式厂房		
						甲	乙	丙
车间储罐（组）总容积（m^3）	可燃气体	≤1000	甲	15	15	9	9	7.5
			乙	9	9	7.5	7.5	—
	液化烃	≤100		22.5	22.5	15	9	7.5
	可燃液体	≤1000	甲$_B$、乙$_A$	15	15	9	9	7.5
			乙$_B$、丙$_A$	9	9	7.5	7.5	—

注：1 容积不大于 20m^3 的可燃气体储罐与其使用厂房的防火间距不限；

2 容积不大于 50m^3 的氧气储罐与其使用厂房的防火间距不限；

3 丙$_B$ 类液体储罐的防火间距不限；

4 固定容积可燃气体储罐的总容积应按储罐几何容积（m^3）和设计储存压力（绝对压力，10^5Pa）的乘积计算；

5 表中“—”表示本标准无防火间距要求，但当现行国家（行业）标准对特殊介质有防火间距要求时，应按其执行。

A.0.1 区域规划、工厂总平面布置以及生产设施内平面布置的防火间距起止点应根据下列条件确定：

5 储罐——罐外壁；

对于工厂罐组，相关规范的防火距离均以罐外壁作为起止点。这意味着防火距离的计算是从罐的外壁开始，至相邻建筑、设施或区域的边界。而对于装置罐组，在《石油化工企业设计防火标准》（GB 50160—2008）中，要求以防火堤中心线作为起止点。这意味着在装置罐组的情况下，防火距离的计算是从防火堤的中心线开始，而不是从罐的外壁。这样的规定可能是为了考虑到装置罐组作为一个整体的安全性，以及防火堤在防止火灾蔓延中的作用。因此，罐组与生产装置区的防火距离起止点取决于罐组的类型。工厂罐组的防火距离以罐外壁为起止点，而装置罐组在 GB 50160—2008 中则要求以防火堤中心线作为起止点。在实际应用中，应参考具体的相关规范来确定防火距离的起止点。

小结： 罐组与生产装置区的防火距离的起止点，根据罐组所处区域的不同选不同的起止点，位于装置区的，以防火堤的中心线为起止点。位于罐区的，以储罐外壁为起止点。

问 36 相关标准规范中所指氮封的固定顶罐是否可以按照浮顶、内浮顶罐来设置间距？

答： 这个需要具体问题具体分析，参考如下：

参考 1 《石油化工企业设计防火标准》（GB 50160—2008，2018 年版）

“表 4.2.12 石油化工厂总平面布置的防火间距（m）”备注 5:“当固定顶可燃液体罐采用氮气密封时，其与相邻设施的防火间距可按浮顶、内浮顶罐处理”。

条文说明：4.2.12 条

（3）执行本标准表 4.2.12 时，需注意以下问题：

1）工厂内工艺装置、设施之间防火间距按此表执行，工艺装置或设施内防火间距不按此表执行。

条文说明：4.2.12 条

（4）可燃液体储罐采用氮气密封，既能防止油气与空气接触，又能避免油气向外扩散，对安全防火有利，其效果类似浮顶罐。说明：以上说的都是总平面布置。

4. 关于罐组内相邻可燃液体地上储罐的防火间距，请看《石油化工企业设计防火标准》（GB 50160—2008，2018 年版）6.2.8 条：罐组内相邻可燃液体地上储罐的防火间距不应小于表 6.2.8 的规定。

表 6.2.8 罐组内相邻可燃液体地上储罐的防火间距

液体类别	储罐形式			
	固定顶罐		浮顶、内浮顶罐	卧罐
	$\leqslant 1000m^3$	$>1000m^3$		
甲$_B$、乙类	$0.75D$	$0.6D$	$0.4D$	0.8m
丙$_A$类	$0.4D$			
丙$_B$类	2m	5m		

注：1 表中 D 为相邻较大罐的直径，单罐容积大于 $1000m^3$ 的储罐取直径或高度的较大值；

2 储存不同类别液体的或不同型式的相邻储罐的防火间距应采用本表规定的较大值；

3 现有浅盘式内浮顶罐的防火间距同固定顶罐；

4 可燃液体的低压储罐，其防火间距按固定顶罐考虑；

5 储存丙$_B$类可燃液体的浮顶、内浮顶罐，其防火间距大于 15m 时，可取 15m。

第 6.2.8 条没有说到“固定顶充氮储罐”的安全间距问题。

因此，当该工厂设计执行的是《石油化工企业设计防火标准》(GB 50160—2008，2018 年版）时，罐组内“固定顶充氮储罐”的安全间距，不能按照浮顶、内浮顶储罐的 0.4D 执行，应该按照表 6.2.8 罐组内相邻可燃液体地上储罐的防火间距执行。

参考 2 《石油库设计规范》(GB 50074—2014) 该规范的正文、备注、条文说明均无相关内容。

6.1.15 地上储罐组内相邻储罐之间的防火距离不应小于表 6.1.15 的规定。

表 6.1.15 地上储罐组内相邻储罐之间的防火间距

储存液体类别	单罐容量不大于 300m³，且总容量不大于 1500m³ 的立式储罐组	固定顶储罐			外浮顶、内浮顶储罐	卧式储罐
		≤1000m³	>1000m³	≥5000m³		
甲$_B$、乙类	2m	0.75D	0.6D		0.4D	0.8m
丙$_A$类	2m	0.4D			0.4D	0.8m
丙$_B$类	2m	2m	5m	0.8m	0.4D 与 15m 的较小值	

注：1 表中 D 为相邻储罐较大储罐的直径。

2 储存不同类别液体的储罐、不同型式的储罐之间的防火间距，应采用较大值。

参考 3 《精细化工企业工程设计防火标准》(GB 51283—2020)

第 6.2.6 条 工厂储罐组内相邻地上储罐之间的防火间距不应小于表 6.2.6 的规定。

表 6.2.6 储罐组内相邻地上储罐之间的防火间距

液体类别	储罐形式			
	固定顶罐		内浮顶罐或设置氮封保护的储罐	卧罐
	≤1000m³	>1000m³		
甲$_B$、乙	0.75D	*	0.4D	0.8m
丙$_A$	0.4D			
丙$_B$	2m	5m		

注：1 D 为相邻较大罐的直径；

2 不同液体、不同形式储罐之间的防火间距不应小于本表规定的较大值；

3 采用固定冷却消防方式时，甲$_B$、乙类液体的固定顶罐之间的防火间距不应小于 0.6D；

4 同时设有液下喷射泡沫灭火设备、固定冷却水设备和扑救防火堤内液体火灾的泡沫灭火设备时，储罐之间的防火间距可适当减小，但不宜小于 0.4D；

5 “*”表示本标准不适用。

因此，当该工厂设计执行的是《精细化工企业工程设计防火标准》（GB 51283—2020）时，罐组内“固定顶充氮储罐”的安全间距，按照浮顶、内浮顶储罐的 0.4D 执行。

参考 4 《建筑设计防火规范》（GB 50016—2014，2018 年版）

表 4.2.2 甲、乙、丙类液体储罐之间的防火间距（m）

类别			固定顶储罐			浮顶储罐或设置充氮保护设备的储罐	卧式储罐
			地上式	半地下式	地下式		
甲乙类液体储罐	单罐容量 V (m^3)	$V \leqslant 1000$	0.75D	0.5D	0.4D	0.4D	≥ 0.8
		$V > 1000$	0.6D				
丙类液体储罐		不限	0.4D	不限	不限	—	

因此，当该工厂设计执行的是《建筑设计防火规范》（GB 50016—2014，2018 年版）时，罐组内“固定顶充氮储罐”的安全间距，按照浮顶、内浮顶储罐的 0.4D 执行。

总结：（1）当该工厂设计执行的是《石油化工企业设计防火标准》（GB 50160—2008，2018 年版）时，罐组内“固定顶充氮储罐”的安全间距，不能按照浮顶、内浮顶储罐的 0.4D 执行。石化标表 4.2.12 中包含了表 6.2.8，因此，罐组内氮封罐可以按照内浮顶执行。

（2）当该工厂设计执行的是《精细化工企业工程设计防火标准》（GB 51283—2020）、《建筑设计防火规范》（GB 50016—2014，2018 年版）时，罐组内“固定顶充氮储罐”的安全间距，可以按照浮顶、内浮顶储罐的 0.4D 执行。

小结： 由于不用防火规范的要求不同，建议根据行业的类型特点，参考适合的标准来确定。

问 37 储罐区防护堤外和泵棚外防爆配电箱的防爆温度一般为多少？

答： 根据周围可能出现的可燃气体或蒸气的引燃温度来确定选型。

参考 1 《危险场所电气防爆安全规范》（AQ 3009—2007）

5.2.2 根据气体或蒸气的引燃温度选型

电气设备应按其最高表面温度不超过可能出现的任何气体或蒸气的引燃温度选型。

电气设备上温度组别标志意义见表 4。

如果电气设备未标示环境温度范围，设备应在 –20～+40℃温度范围内使用。如果电气设备标志了该温度范围，设备只能在这个范围内使用。

表 4 温度组别、引燃温度和允许的设备温度组别之间的关系

危险场所要求的温度组别	气体或蒸气的引燃温度	允许的设备温度组别
T_1	＞450℃	T_1～T_6
T_2	＞300℃	T_2～T_6
T_3	＞200℃	T_3～T_6
T_4	＞135℃	T_4～T_6
T_5	＞100℃	T_5～T_6
T_6	＞85℃	T_6

参考 2 《爆炸危险环境电力装置设计规范》(GB 50058—2014)

3.4.2 爆炸性气体混合物应按引燃温度分组，引燃温度分组应符合表 3.4.2 的规定。

表 3.4.2 引燃温度分组

组别	引燃温度 t/℃	组别	引燃温度 t/℃
T_1	$450 < t$	T_4	$135 < t \leq 200$
T_2	$300 < t \leq 450$	T_5	$100 < t \leq 135$
T_3	$200 < t \leq 300$	T_6	$85 < t \leq 100$

注：可燃性气体或蒸气爆炸性混合物分级、分组可按本规范附录 C 采用。

小结：储罐区防护堤外和泵棚外防爆配电箱的防爆温度等级根据周围可能出现的可燃气体或蒸气的引燃温度来确定选型。

问 38 罐区需要采用不发生火花的地面吗?

答：关于“采用不发生火花的地面”罐区一般不作要求，散发较空气重的

可燃气体、可燃蒸气的甲类厂房（仓库）和有粉尘、纤维爆炸危险的乙类厂房（仓库）有要求，有条件可在罐区内采用。地面当采用绝缘材料作整体面层时，应采取防静电措施。

参考 1《石油化工企业设计防火标准》（GB 50160—2008，2018 年版）

5.7.4　散发比空气重的甲类气体、有爆炸危险性粉尘或可燃纤维的封闭厂房应采用不发生火花的地面。

6.5.1　液化石油气的灌装站应符合下列规定：

1. 液化石油气的灌瓶间和储瓶库宜为敞开式或半敞开式建筑物，半敞开式建筑物下部应采取防止油气积聚的措施；

2. 液化石油气的残液应密闭回收，严禁就地排放；

3. 灌装站应设不燃烧材料隔离墙。如采用实体围墙，其下部应设通风口；

4. 灌瓶间和储瓶库的室内应采用不发生火花的地面，室内地面应高于室外地坪，其高度差不应小于 0.6m；

5. 液化石油气缓冲罐与灌瓶间的距离不应小于 10m；

6. 灌装站内应设有宽度不小于 4m 的环形消防车道，车道内缘转弯半径不宜小于 6m。

6.6.1　石油化工企业应设置独立的化学品和危险品库区。甲、乙、丙类物品仓库，距其他设施的防火间距见表 4.2.12，并应符合下列规定：

1. 甲类物品仓库宜单独设置；当其储量小于 5*t* 时，可与乙、丙类物品仓库共用一栋建筑物，但应设独立的防火分区；

2. 乙、丙类产品的储量宜按装置 2～15d 的产量计算确定；

3. 化学品应按其化学物理特性分类储存，当物料性质不允许同库储存时，应用实体墙隔开，并各设出入口；

4. 仓库应通风良好；

5. 对于可能产生爆炸性混合气体或在空气中能形成粉尘、纤维等爆炸性混合物的仓库内应采用不发生火花的地面，需要时应设防水层。

参考 2《建筑设计防火规范》（GB 50016—2014，2018 年版）

3.6.6　散发较空气重的可燃气体、可燃蒸气的甲类厂房和有粉尘、纤维爆炸危险的乙类厂房，应符合下列规定：

1　应采用不发火花的地面。采用绝缘材料作整体面层时，应采取防静电措施；

2　散发可燃粉尘、纤维的厂房，其内表面应平整、光滑，并易于清扫；

3　厂房内不宜设置地沟，确需设置时，其盖板应严密，地沟应采取防止可燃气体、可燃蒸气和粉尘、纤维在地沟积聚的有效措施，且应在与相邻厂房连通处采用防火材料密封。

3.6.6　本条为强制性条文。生产过程中，甲、乙类厂房内散发的较空气重的可燃气体、可燃蒸气、可燃粉尘或纤维等可燃物质，会在建筑的下部空间靠近地面或地沟、洼地等处积聚。为防止地面因摩擦打出火花引发爆炸，避免车间地面、墙面因为凹凸不平积聚粉尘。本条规定主要为防止在建筑内形成引发爆炸的条件。

参考 3《油田油气集输设计规范》（GB 50350—2015）

11.4.8　散发较空气重的可燃气体及可燃蒸气的有爆炸危险的甲、乙类厂房，地面应采用不发生火花的面层。当采用绝缘材料作整体面层时，应采取防静电措施。

11.8.9　生产天然气凝液的工艺装置区和液化石油气的汽车装车场地，应采用不发生火花的混凝土面层。

参考 4《液化石油气供应工程设计规范》（GB 51142—2015）

10.1.1　具有爆炸危险场所的建筑防火、防爆设计应符合下列规定：

1　建筑物耐火等级不应低于二级；

2　门窗应向外开；

3　建筑应采取泄压措施，设计应符合现行国家标准《建筑设计防火规范》（GB 50016）的有关规定；

4　地面面层应采用撞击时不产生火花的材料，并应符合现行国家标准《建筑地面工程施工质量验收规范》（GB 50209—2021）的有关规定。

参考 5《加氢站技术规范（2021 年版）》（GB 50516—2010）

8.0.10　有爆炸危险房间或区域内的地坪，应采用不发生火花地面。

小结： 没有标准规范明确罐区需要采用不发生火花的地面。

问 39 双氧水罐区属于防爆区域吗？

具体问题： 专家检查双氧水罐区提出按爆炸危险区域标准做，理由是卸车泵、储罐配套的泵防爆，照明等用电设备也应该选防爆型，是否合理?

答: 不合理。双氧水属于本身不燃的强氧化剂，不在《爆炸危险环境电力装置设计规范》(GB 50058—2014) 适用范围内，无法进行爆炸危险区域划分，可不采取防爆。

参考1 《建筑设计防火规范》(GB 50016—2014，2018年版)

图表3.1.1 火灾危险性分类: 过氧化氢属于甲5类，即遇酸、受热、撞击、摩擦、催化以及遇有机物或硫黄等易燃的无机物，极易引起燃烧或爆炸的强氧化剂。双氧水具有易燃易爆，极易分解的特性。根据《爆炸危险环境电力装置设计规范》(GB 50058—2014) 第1.0.2条，本规范不适用下列环境: 4　使用强氧化剂以及不用外来点火源就能自行起火的物质的环境。

参考2 《爆炸危险环境电力装置设计规范》(GB 50058—2014)

3.1.1　在生产、加工、处理、转运或储存过程中出现或可能出现下列爆炸性气体混合物环境之一时，应进行爆炸性气体环境的电力装置设计:

1　在大气条件下，可燃气体与空气混合形成爆炸性气体混合物;

2　闪点低于或等于环境温度的可燃液体的蒸气或薄雾与空气混合形成爆炸性气体混合物;

3　在物料操作温度高于可燃液体闪点的情况下，当可燃液体有可能泄漏时，可燃液体的蒸气或薄雾与空气混合形成爆炸性气体混合物。双氧水属于不燃物质，不会与空气形成爆炸性气体混合物环境。

小结: 用电设备是否选择防爆类型的，是根据其所处的环境是否构成防爆区域来判断的。如果处于防爆区域内应当选择防爆设备。如果处于非防爆区域，可以使用普通类型的。

问40 低温二氧化碳储罐之间的规范间距是多少?

答: 可以参照《低温液体储运设备使用安全规则》(JB/T 6898—2015)

4.2.9　液氧与液氮、液氩容器的间距及液氮、液氩容器之间的间距应满足施工和维修的要求，且最小间距不宜小于2m。

4.3.1　容器不准安装在出入口、通道、楼梯间或距它们5m的范围内。

小结: 低温二氧化碳的储罐间距可以参考《低温液体储运设备使用安全规则》(JB/T 6898—2015) 要求。

问 41 避雷针安装规范是什么？厂房应高出储罐多少米？厂房装了避雷针，离厂房很近的装置和储罐区还需要装避雷针吗？

答：（1）避雷针设计可参考以下标准：

①《建筑物防雷设计规范》（GB 50057—2010）

②《石油化工装置防雷设计规范》（GB 50650—2011，2022年版）

③《石油库设计规范》（GB 50074—2014）

（2）需要有资质的单位进行防雷设计，根据现场实际情况，进行计算，由计算结果确定是否装避雷针。

（3）储罐是钢制的，壁厚大于4mm，用自身做接闪器及引下线，至少两点接地，接地点间距满足规范要求就行。

参考1 《石油库设计规范》（GB 50074—2014）

14.2.1 钢储罐必须做防雷接地，接地点不应少于2处。

参考2 《石油化工装置防雷设计规范》（GB 50650—2011，2022年版）

5.5.1 金属罐体应做防直击雷接地，接地点不应少于2处，并应沿罐体周边均匀布置，引下线的间距不应大18m，每根引下线的冲击接地电阻不应大于10Ω。

5.5.2 储存可燃物质的储罐，其防雷设计应符合下列规定：

1. 钢制储罐的罐壁厚度大于或等于4mm，在罐顶装有带阻火器的呼吸阀时，应利罐体本身作为接闪；

2. 钢制储罐的罐壁厚度大于或等于4mm，在罐顶装设接闪器的保护范围应符合本规范第5.11.2条的规定；

3. 钢制储罐的罐壁厚度小于4mm时，应在罐顶装设接闪器，使整个储罐在保护范围罐顶装有呼吸阀（无阻火器）时，接闪器的保护范围应符合本规范第5.11.2条的规定；

4. 非金属储罐应装设接闪器，使被保护储罐和突出罐顶的呼吸阀等均处于接闪器的保护范围之内，接闪器的保护范围应符合本规范第5.11.2条的规定；

5. 覆土储罐当埋层大于或等于0.5m时，罐体可不考虑防雷设施。储罐的呼吸阀露地面时，应采取局部防雷保护，接闪器的保护范围应符合本规范第 5.11.2 条的规定；

6. 非钢制金属储罐的顶板厚度大于或等于本规范表 6.1.5 中的厚度 t 值时，应在罐顶装设接闪器，使整储罐在保护范围之内。

5.5.3　浮顶储罐（包括内浮顶储罐）应利用罐体本身作为接闪器，浮顶与罐体应有可靠的电气连接，浮顶储罐的防雷设计应按现行国家标准《石油库设计规范》（GB 50074）的有关规定执行。

小结：避雷针的安装有专门的标准规范，具体避雷针的安装位置及避雷范围需要由设计院进行详细分析设计。

问 42 罐区的油气回收系统与储罐的防火间距应如何确定？

答：相关标准如下：

参考 1《油气回收处理设施技术标准》（GB/T 50759—2022）

4.0.6　储罐区的油气回收装置和油气处理装置应布置在防火堤外。

4.0.8　吸收液储罐宜和成品或中间原料储罐统一设置。当吸收液储罐总容积小于 400m^3 时，可与油气回收装置、油气处理装置集中布置，吸收液储罐与油气回收装置的间距不应小于 8m，与油气处理装置的间距不应小于 15m。

4.0.12　石油化工企业、煤化工企业的油气回收装置和油气处理装置与企业内相邻设施的防火间距应符合现行国家标准《石油化工企业设计防火标准》（GB 50160—2008）的规定，并应满足下列要求：

1　产生明火或处理温度高于油气引燃温度的油气处理装置与周边相邻设施的防火间距，应按明火地点的防火间距确定；

2　汽车装卸设施内的油气回收装置和油气处理装置与周边相邻设施的防火间距，应按汽车装卸设施与相邻设施的防火间距确定；

3　铁路装卸设施内的油气回收装置和油气处理装置与周边相邻设施的防火间距，应按铁路装卸设施与相邻设施的防火间距确定；

4　罐组专用的油气回收装置宜与其专用泵区集中布置，其与周边相邻设施的防火间距应按罐组专用泵的防火间距确定，且与油泵（房）的防火间距不应小于 4.5m；

5　两个及以上罐组或装载设施用油气回收装置与周边相邻设施的防火

间距应按罐区甲、乙类泵（房）的防火间距确定，且与甲、乙类泵（房）的防火间距不应小于 12m。

4.0.13 石油化工企业、煤化工企业的油气回收装置和油气处理装置与相邻工厂或设施的防火间距，应符合现行国家标准《石油化工企业设计防火标准》（GB 50160）的规定。

4.0.14 石油库工程的油气回收装置和油气处理装置与石油库外居民区、工矿企业、交通线等的防火间距及石油库内建（构）筑物的防火间距，应符合现行国家标准《石油库设计规范》（GB 50074—2014）的规定。

4.0.15 码头前沿区域的油气回收装置和油气处理装置与相邻设施的防火间距，应符合现行行业标准《码头油气回收处理设施建设技术规范》（JTS 196-12）的规定。

参考 2 《石油库设计规范》（GB 50074—2014）

5.1.3 石油库内建（构）筑物、设施之间的防火距离（储罐与储罐之间的距离除外），不应小于表 5.1.3 的规定。表 5.1.3 石油库内建（构）筑物、设施之间的防火距离（m）注 7 焚烧式可燃气体回收装置应按有明火及散发火花的建（构）筑物及地点执行，其他形式的可燃气体回收处理装置应按甲、乙类液体泵房执行。

小结：罐区油气回收系统和储罐的防火间距应首先满足《油气回收处理设施技术标准》（GB/T 50759—2022）的相关规定。

第三章

罐区围堰/防火堤

详细解读罐区围堰防火堤的尺寸、强度与材质设计，精准守护罐区，防止泄漏物料扩散引发二次事故。

——华安

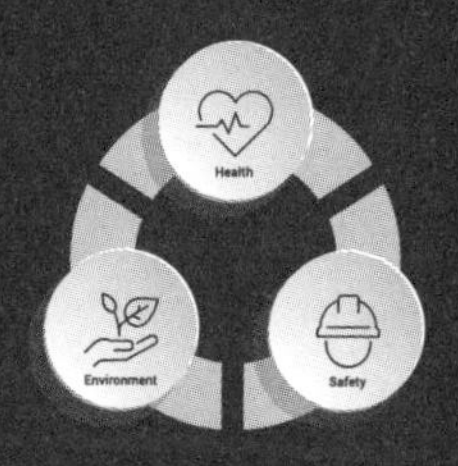

问 43 甲类厂房内的储罐需要加装围堰吗?

答: 需要设置围堰。

参考1 《石油化工企业设计防火标准》(GB 50160—2008,2018 年版)

5.2.28 凡在开停工、检修过程中,可能有可燃液体泄漏、漫流的设备区周围应设置不低于 150mm 的围堰和导液设施。

参考2 《精细化工企业工程设计防火标准》(GB 51283—2020)

5.5.10 开停工或检修时可能有可燃液体泄漏、漫流的设备区周围应设置高度不低于 150mm 的围堰和导液设施。

参考3 《煤化工工程设计防火标准》(GB 51428—2021)

6.2.10 可能有可燃液体泄漏、漫流的设备区周围应设置高度不低于 150mm 的围堰的导液设施。

小结: 只要有可能发生可燃液体泄漏、漫流的设备,在周围应当设置围堰和导流设施。

问 44 围堰的导液设施是什么?

答: 比如围堰内收集的废液,通过地漏或明沟,进含油污水系统。

小结: 围堰的导液设施就是将围堰内的泄漏的液体及时地导入到后续的处理系统或收集设施,例如地下罐等。

问 45 有标准规定液氨罐区围堰需要防腐吗?液氨的腐蚀性如何?

答: 要取决于液氨的浓度,根据浓度判定对混凝土和钢筋的腐蚀性;若仅考虑液氨的腐蚀性而要求防腐是合理的。

参考 《储罐区防火堤设计规范》(GB 50351—2014)

4.2 构造

4.2.1 防火堤、防护墙的基础埋置深度应根据工程地质、冻土深度和稳定性计算等因素确定,且不宜小于 0.5m。

4.2.2　储存酸、碱等腐蚀性介质的储罐组，防火堤堤身内侧应做防腐蚀处理。全冷冻式储罐组的防火堤，应采取防冷冻的措施。

4.2.3　采用浆砌毛石防火堤时，应做内培土。

4.2.4　防火堤，防护墙、隔堤及隔墙的伸缩缝应根据建筑材料，气候特点和地质条件变化情况进行设置，并应符合下列规定：

1. 伸缩缝的设置应符合现行国家标准《混凝土结构设计标准（2024版）》（GB/T 50010—2010）、《砌体结构设计见范》（GB 50003—2011）的规定；

2. 伸缩缝不应设在交叉处或转角处；

3. 伸缩缝缝宽宜为 30～50mm；

4. 伸缩缝应采用非燃烧的柔性材料填充或采取其他可靠的构造措施。

小结：首先根据液氨的浓度来判断其泄漏后是否会对钢筋混凝土或地面非防腐层产生腐蚀，如果有腐蚀性应进行防腐处理。

问 46　涉及酸、碱储罐的围堰地面需要防腐处理的规范出处是哪？

答：涉及酸、碱储罐的围堰地面需要防腐出自以下规范：

参考 1《储罐区防火堤设计规范》（GB 50351—2014）

4.2.2　储存酸、碱等腐蚀性介质的储罐组，防火堤堤身内侧应做防腐蚀处理。

参考 2《石油化工工厂布置设计规范》（GB 50984—2014）

4.4.8　毒性液体和腐蚀性液体储罐组的布置应符合下列要求：

4. 腐蚀性液体罐组内地坪、排水沟、集水坑应做防腐处理。

参考 3《化工企业安全卫生设计规定》（HG 20571—2014）

5.6.4　具有酸碱性腐蚀的作业区中的建（构）筑物的地面、墙壁、设备基础，应进行防腐处理。建筑防腐按现行国家标准《建筑防腐浊工程施工及验收规范》（GB 50212—2014）的规定执行。

小结：由于酸碱对钢筋混凝土产生不利的腐蚀影响，需要对酸碱罐的内部围堰包括地面进行防酸碱腐蚀的设计。

问 47 酸碱储罐的围堰设置有哪些要求？

答： 首先，问题中的酸碱储罐围堰，本答复建议将该术语统一为酸碱储罐防护堤（GB 50984—2014）及石化联合会团体标准《酸碱罐区设计规范》均为防护堤），以示与装置设备区围堰相区别。

其次，装置设备区围堰主要考虑防护开停工检维修过程中可燃液体泄漏、漫流问题（GB 50160—2008、GB 51283—2020），与储罐防护堤功能不同。若是可燃性质的酸罐（如甲酸，醋酸等），防护堤的设置要求同防火规范中的防火堤，此次不再展开讨论；若是非可燃性质的酸碱罐区，对于酸碱性质防护堤的设置相关标准规范的条文如下：

一、石油和化工行业相关标准规范的条文如下：

参考1 《储罐区防火堤设计规范》（GB 50351—2014）

4.2.2 储存酸、碱等腐蚀性介质的储罐组，防火堤堤身内侧应做防腐蚀处理。

参考2 《石油化工工厂布置设计规范》（GB 50984—2014）

4.4.8 毒性液体和腐蚀性液体储罐组的布置应符合下列要求：

2 罐组应设防护堤，堤内的有效容积不应小于罐组内 1 个最大储罐的容积；

3 立式储罐至防护堤内堤脚线的距离不应小于罐壁高度的一半；

参考3 《石油化工企业职业安全卫生设计规范》（SH/T 3047—2021）

7.1.5.7 酸、碱及其他腐蚀性物质的储罐区周围应设置围堰或泄漏液收集设施，并用防渗防腐材料铺砌。

二、除了石油和化工行业方面的标准，其他行业也有相关要求，可供大家参考：

参考4 《机械工程建设项目职业安全卫生设计规范》（GB 51155—2016）

4.5.10 酸、碱等腐蚀性物质的储罐应与工作场所分开，并应采取防溢流、防渗漏及其泄漏收集沟槽或围堰等防护措施。酸碱储罐应设置围堰及倒流收集沟槽。

三、石化联合会组织编制的团体标准《酸碱罐区设计规范》发布实施后，将填补国内空白，将为酸碱罐区的设计和管理发挥更准确和全面的指导作用。

小结： 非可燃性质的酸碱罐区防护堤的设置要点：

1）防腐蚀、防溢流；

2）储罐至防护堤内堤脚线的距离不小于罐壁高度的一半；

3）堤内有效容积不应小于罐组内 1 个最大储罐的容积。

问 48 石化企业的甲醇储罐的围堰需要排水设施吗？要求是什么？

答： 需要。围堰（防火堤）内设置收集池及排水设施。

参考 1 《化工建设项目环境保护工程设计标准》（GB/T 50483—2019）

2.0.8 初期污染雨水，污染区域降雨初期产生的雨水。宜取一次降雨初期 15～30min 雨量，或降雨初期 20～30mm 厚度的雨量。

参考 2 《石油化工给水排水系统设计规范》（SH/T 3015—2019）

3.9 初期雨水，降雨后初期产生的有一定污染的雨水径流。

6.3.3 一次初期雨水总量宜按污染区面积与 15～30mm 降水深度的乘积计算。

参考 3 《石化企业水体环境风险防控技术要求》（Q/SH 0729—2018）

初期雨水，指刚下的雨水。一次降雨过程中前 10～20min 降水量。

参考 4 《化工建设项目环境保护工程设计标准》（GB/T 50483—2019）

6.2.9 污染防治分区应设置围堰或环沟，生产废水和初期雨水应收集并处理。

6.1.10 宜根据装置生产特点和污染特征进行污染区域划分，设置初期污染雨水收集池。

参考 5 《石油化工给水排水系统设计规范》（SH/T 3015—2019）

5.2.5 生产装置区、辅助生产区等污染区域的初期雨水应排入初期雨水系统或工艺废水系统。

参考 6 《石油化工环境保护设计规范》（SH/T 3024—2017）

6.2.3 在污染区应采取防止雨水漫流的措施并设置合理容积的污染雨

水池，污染区的污染雨水与非污染雨水的分流应实现自动切换。

参考7 《建筑设计防火规范》（GB 50016—2014，2018年版）

4.2.5 甲、乙、丙类液体的地上式、半地下式储罐或储罐组，其四周应设置不燃性防火堤。防火堤的设置应符合下列规定：

6 含油污水排水管应在防火堤的出口处设置水封设施，雨水排水管应设置阀门等封闭、隔离装置。

参考8 《石油化工企业设计防火标准》（GB 50160—2008，2018年版）

6.2.17 防火堤及隔堤应符合下列规定：

5. 在防火堤内雨水沟穿堤处应采取防止可燃液体流出堤外的措施。

小结： 石化企业的甲醇储罐的围堰需要排水设施。

问 49 化学品储罐要设置围堰依据哪个规定？

答： 化学品储罐要设置围堰的规定主要有以下：

参考1 《化工装置设备布置设计规定 第5部分：设计技术规定》（HG/T 20546.5—2009）

14.2.5 地面铺砌。

1. 储存甲、乙、丙类罐区，在防火堤或分隔堤内一般采用混凝土全铺砌，并坡向集水点。也可根据工程需要和用户要求或有关规定采用局部铺砌。铺砌范围：一般从基础边缘至铺砌外边缘为2m（包括立式罐下面），铺砌面坡向集水点方向。

2. 有毒、有腐蚀和贵重物料，在围堰内（包括围堰、设备基础、地面及集水坑）宜采用耐腐蚀材料铺砌。

3. 液氧储罐周围5m范围内，不允许用沥青铺砌地面，见《建筑设计防火规范》GB 50016—2014中第4.3.5条规定。

参考2 《石油化工企业职业安全卫生设计规范》（SH/T 3047—2021）

7.1.5.7 酸、碱及其他腐蚀性物质的储罐区周围应设置围堰或泄漏液收集设施，并用防渗防腐材料铺砌。

参考3 《化学工业循环冷却水系统设计规范》（GB 50648—2011）

11.2.4 浓硫酸和盐酸储罐及具有腐蚀性、强氧化性液体的储罐应设置安全围堰，围堰的有效容积应容纳最大一个储罐的容量，围堰内应做防腐处理；浓硫酸和盐酸储罐应设置防护型液位计，浓硫酸储罐应设置通气除湿设施，盐酸储罐应设置酸雾吸收设施。

参考 4《石油化工环境保护设计规范》(SH/T 3024—2017)

10.2.2　生产装置内污染区地面四周应设置不低于150mm的围堰，不同污染区之间宜采用围堰等设施分隔。污染区内应根据可能泄漏污染物的性质、数量及场所的不同，设置相应的污染物收集及排放系统。

小结：化学品储罐需要设置围堰用来进行泄漏液收集，防止蔓延。

问 50　重大危险源的防火堤内设置电缆桥架是否可以？

答：重大危险源的防火堤内可以设置电缆桥架，但需采用带盖板的全封闭具有防腐措施的金属电缆槽的方式敷设，电缆应采用阻燃型。

参考 1《储罐区防火堤设计规范》(GB 50351—2014)

3.1.4　进出储罐组的各类管线、电缆应从防火堤、防护墙顶部跨越或从地面以下穿过。当必须穿过防火堤、防护墙时，应设置套管并应采用不燃烧材料严密封闭，或采用固定短管且两端采用软管密封连接的形式。

参考 2《石油化工罐区自动化仪表设计规范》(SH/T 3184—2017)

5.7.2　罐区或局部不便于在地下敷设电缆的区域，应采用镀锌钢保护管或带盖板的全封闭具有防腐措施的金属电缆槽的方式敷设，不应采用非金属材料的保护管或电缆槽。

参考 3《石油库设计规范》(GB 50074—2014)

14.1.5　石油库主要生产作业场所的配电电缆应采用铜芯电缆，并应采用直埋或电缆沟充砂敷设，局部地段确需在地面敷设的电缆应采用阻燃电缆。

参考 4《化工企业液化烃储罐区安全管理规范》(AQ 3059—2023)

6.5.2　新建液化烃储罐区内消防用电负荷及紧急切断阀等的电源电缆在防火堤外时，应采用埋地或充砂电缆沟敷设，确需地上敷设时，应采用耐火电缆敷设在专用的电缆桥架内，且不应与可燃液体，可燃气体管道同架敷设。在防火堤内时，应采用埋地敷设，出地面至用电设备的部分电缆，应采用耐火槽盒或保护钢管接至用电设备，保护钢管应采取防火保护措施。

小结：重大危险源的防火堤内电缆推荐埋地敷设，当条件受限且电缆和桥架形式满足标准规范要求时，可设置电缆桥架。

HEALTH SAFETY
ENVIRONMENT

第四章
罐区重大危险源辨识

系统阐述罐区重大危险源辨识的标准、流程与方法，精准把控风险源头，为罐区安全管理提供关键依据。

——华安

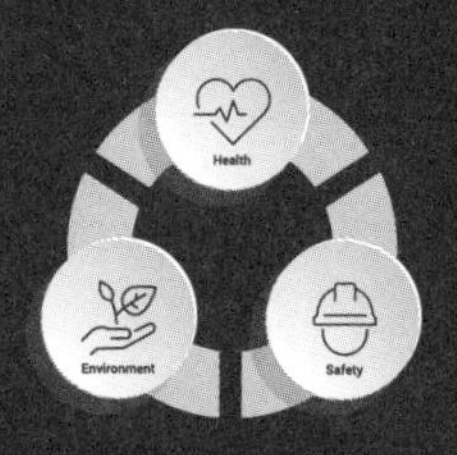

问 51 罐区重大危险源划分界限是各罐组的防火堤还是整个罐区的外围防火堤？

具体问题：一个重大危险源划分的问题。GB 18218—2018 中规定：储罐区以罐区防火堤为界限划分为独立单元。请问这里指的是罐区内各罐组的防火堤还是指整个罐区内防火堤的外包线为界限？若是前者，以各罐组为划分单元，岂不存在可人为将总量超过临界量的危险物分若干个的罐组相邻布置，以规避重大危险源的漏洞？

答：按照整个防火堤内为一个整体进行辨识。如果人为设为两个独立的各自有防火堤的罐组，则应该与按标准要求的防火间距划分相一致，不在同一个罐区的就会有罐区跟罐区的间距符合性的判断。假设一个罐组内有四台储罐，且在一个防火堤内，那么这就是一个重大危险源辨识的单元，而且防火堤的储罐防火间距符合要求。防火堤如果设置隔堤也是一个防火堤，防火堤的高度和容积是根据计算出来的。中间是否加隔堤是根据储存物料性质定的，随意加隔堤或者中间做一个防火堤，容量肯定就不满足的。

参考 《危险化学品重大危险源辨识》（GB 18218—2018）

3.6 储存单元 storage unit

用于储存危险化学品的储罐或仓库组成的相对独立的区域，储罐区以罐区防火堤为界限划分为独立的单元，仓库以独立库房（独立建筑物）为界限划分为独立的单元。

另外，也可参考中国安全生产科学研究院 2022 年 11 月 7 日《关于危险化学品重大危险源罐区单元划分的咨询请求的复函》。

中国安全生产科学研究院

关于危险化学品重大危险源罐区单元划分的咨询请求的复函

全国安全生产标准化技术委员会化学品安全分技术委员会：

贵委员会《关于危险化学品重大危险源罐区单元划分的咨询请求》来函已收悉，经研究，现将有关意见函复如下：

一、对于罐区由2个及以上罐组组成，各罐组均有防火堤，罐组之间相距约30-60米，中间有消防道路或者其他道路，无其他建构筑物相隔，根据《危险化学品重大危险源辨识》(GB 18218-2018)第3.6节“储存单元”，应按每个罐组划分单元。

二、罐区由2个及以上储罐区组成，2个及以上储罐区中间有消防道路或者其他道路，无其他建构筑物相隔，根据《危险化学品重大危险源辨识》(GB 18218-2018)第3.6节“储存单元”，应按每个罐组划分单元。

三、罐区由2个罐组组成，各罐组均有防火堤，中间有其他建筑物相隔(如厂房、仓库或堆场)，根据《危险化学品重大危险源辨识》(GB 18218-2018)第3.6节“储存单元”，应按每个罐组划分单元；如该罐组属于中间罐组且与生产装置(厂房)布置在同一区域，原则上应与生产装置(厂房)一起进行辨识。

四、危险化学品罐区单元划分以罐区防火堤界限划分为独立的单元。对于与生产装置(厂房)布置在同一区域的危险化学品中间储罐(罐组)，原则上应与生产装置(厂房)一起进行辨识。对于储存于一个相对独立区域的无防火堤的多个危险化学品储罐，应按一个单元进行辨识。

中国安全生产科学研究院
2022年11月7日

小结： 储罐区的重大危险源的计算单元是以一个防火堤内的罐组为基准作为一个单元来进行评估。

问 52 重大危险源辨识中，石脑油的临界值是按照汽油（200t）还是易燃液体（1000t）定?

答： 石脑油不在GB 18218—2018表1内，按照表2，石脑油最严按照易燃液体类别 2*，储罐临界量 1000t。

表 2　未在表 1 中列举的危险化学品类别及其临界量

类别	符号	危险性分类及说明	临界量 /t
易燃液体	W5.1	类别 1 类别 2 和 3，工作温度高于沸点	10
	W5.2	类别 2 和 3，具有引发重大事故的特殊工艺条件包括危险化工工艺、爆炸极限范围或附近操作、操作压力大于 1.6MPa 等	50
	W5.3	不属于 W5.1 或 W5.2 的其他类别 2	1000
	W5.4	不属于 W5.1 或 W5.2 的其他类别 3	5000

小结： 石脑油的重大危险源临界值应按照易燃液体类型 2 来确定临界储存量。

问 53 重大危险源罐组内停用部分储罐，需要办理手续吗？

答：（1）企业决定不用的储罐应去当地应急监管部门办理备案核销手续：

① 现场采取停用措施：如对停用的储罐进行物料清空并清洗，将与储罐连接的所有管道拆除（储罐管口、人孔全部打开或加盲板），不能随意启用，并挂停用设备牌。

② 停用变更手续：企业内部按照公司变更管理制度做好设备停用变更。一般特种设备需要向特检院报停，一般储罐不用。

③ 企业变更主要依据公司变更管理制度执行，建议参考《化工企业变更管理实施规范》（T/CCSAS 007—2020）。

另外，如果拆除该停用储罐风险可接受，不影响周边其他储罐，以后也不再需要启用该储罐，手续办理完后建议安全拆除。

（2）长期停用（弃用）罐可以不列入重大危险源辨识范畴。一个储罐停用后并变更后，应重新进行重大危险源评估分析，如果仍然是重大危险源，应重新进行重大危险源评估并应报应急管理部门备案。如果原来储罐区构成重大危险源，停用一个储罐后，另一个在用储罐经评估不构成重大危险源的话，还要注销重大危险源登记。

(3)《危险化学品重大危险源监督管理暂行规定》(国家安全监管总局令第 40 号，第 79 号修订)

第二十七条：重大危险源经过安全评价或者安全评估不再构成重大危险源的，危险化学品单位应当向所在地县级人民政府安全生产监督管理部门申请核销。

小结：涉及重大危险源的储罐，当永久停用时，需立即重新进行重大危险源评估分析，应及时到政府管理部门进行变更登记或者申请核销。

问 54 请问氢氟酸在重大危险源辨识中的临界量是多少？

答：这个问题可参考应急管理部答复意见如下：

咨询:《危险化学品重大危险源辨识》(GB 18218—2018) 发布后，表 1 中只有氟化氢的判定标准为 1 吨，那么工业氢氟酸到底是按氟化氢 1 吨确定还是按照表 2 (50 吨) 来确定?

回复：经与《危险化学品重大危险源辨识》(GB 18218—2018) 标准起草单位沟通，工业氢氟酸属于氟化氢的混合物，按照《危险化学品重大危险源辨识》(GB 18218—2018) 第 4.2.3 条“对于危险化学品混合物，如果混合物与其纯物质属于相同危险类别，则视混合物为纯物质，按混合物整体进行计算。如果混合物与其纯物质不属于相同危险类别，则应按新危险类别考虑其临界量”。对于具体企业所存的工业氢氟酸，其属于重大危险源辨识所相关的危险类别只有急性毒性，如果该工业氢氟酸的急性毒性类别与氟化氢的完全相同，则其临界量应为 1 吨；如果其急性毒性类别与氟化氢的不相同且属于表 2 所列类别范围，则应按照表 2 来确定临界量；如果其急性毒性类别不属表 2 所列范围，则该物质不属于标准辨识范围内的危险化学品。

小结：工业氢氟酸属于氟化氢的混合物，按照《危险化学品重大危险源辨识》(GB 18218—2018) 第 4.2.3 条“对于危险化学品混合物，如果混合物与其纯物质属于相同危险类别，则视混合物为纯物质，按混合物整体进行计算。如果混合物与其纯物质不属于相同危险类别，则应按新危险类别考虑其临界量”。

问 55 构成三级重大危险源的罐组是否可以合并？

具体问题：两个及以上的三级重大危险源储罐区罐组，是否可以合并为一个（三级升为二级）？工艺未发生变更，储存介质及储存量未改变。如果可以合并，如何管理？需要做 HAZOP 分析吗？依据是什么？

答：依据《危险化学品重大危险源辨识》（GB 18218—2018）第 3.6 条储存单元的定义中“储罐区以罐区防火堤为界限划分为独立的单元”，两个及以上的三级重大危险源储罐区是各自独立的单元，不能合并为一个（三级升级为二级）。重大危险源储罐区的管理，执行《危险化学品企业重大危险源安全包保责任制办法（试行）》（应急厅〔2021〕12 号）第三条 危险化学品企业应当明确本企业每一处重大危险源的主要负责人、技术负责人和操作负责人，从总体管理、技术管理、操作管理三个层面对重大危险源实行安全包保。但是并没有规定同一个人只能负责一个重大危险源，因此，三个层面的负责人可以包保管理不同的重大危险源。

对于各自独立的三级重大危险源储罐区，不能合并也没有必要进行合并管理，在每一处设立重大危险源安全包保公示牌，写明重大危险源的主要负责人、技术负责人、操作负责人姓名、对应的安全包保职责及联系方式即可。HAZOP 分析与此问题无关。

小结：两个及以上的三级重大危险源储罐区是各自独立的单元，不能合并为一个。重大危险源储罐区的管理，执行《危险化学品企业重大危险源安全包保责任制办法（试行）》（应急厅〔2021〕12 号）相关要求。

问 56 一个储存单元有二期工程未用的空储罐，是否也要纳入重大危险源辨识范围？

答：（1）二期工程未用储罐如果通过安全条件论证、设计审查和安全设施验收，三同时手续齐全，应该纳入重大危险源辨识。

（2）如果分期验收的，则分期进行辨识，但要有规划、设计、安评、环评等批复的文件来说明储罐是给二期工程配套用的空储罐，不为一期工程服务。建议对未投用的储罐管线进行拆分隔离。

小结：重大危险源计算对于储罐的容量是按照理论设计容量来进行辨识，

跟实际是否存有物料没有关系。

问 57 对重大危险源的危险化学品仓库是否有温度控制要求?

具体问题： 重大危险源的危险化学品仓库，要求设置温度联锁报警启动通风，并上传政府监控系统。哪个标准对危化品仓库的温度有明确规定，比如不超过 30℃? 有哪些化学品储存温度超过 30℃的吗?

答： 仓库储存的合理温度和湿度，应该根据每一个化学品的性质及其具体的不同状况来考虑，没法统一规定。

参考 1 《易燃易爆性商品储存养护技术条件》(GB 17914—2013)

4.5　温湿度要求

表 1　温湿度条件

类别	品名	温度 /℃	相对湿度 /%
爆炸品	黑火药、化合物	≤ 32	≤ 80
	水作稳定剂的	≥ 1	＜ 80
压缩气体和液化气体	易燃、不燃、有毒	≤ 30	—
易燃液体	低闪点	≤ 29	—
	中高闪点	≤ 37	—
易燃固体	易燃固体	≤ 35	—
	硝酸纤维素酯	≤ 25	≤ 80
	安全火柴	≤ 35	≤ 80
	红磷、硫化磷、铝粉	≤ 35	＜ 80
自燃物品	黄磷	＞ 1	—
	烃基金属化合物	≤ 30	≤ 80
	含油制品	≤ 32	≤ 80
遇湿易燃物品	遇湿易燃物品	≤ 32	≤ 75
氧化剂和有机过氧化物	氧化剂和有机过氧化物	≤ 30	≤ 80
	过氧化钠、镁、钙等	≤ 30	≤ 75
	硝酸锌、钙、镁等	≤ 28	≤ 75
	硝酸铵、亚硝酸钠	≤ 30	≤ 75
	盐的水溶液	＞ 1	
	结晶硝酸锰	＜ 25	—
	过氧化苯甲酰	2～25	—
	过氧化丁酮等有机氧化剂	≤ 25	—

参考2 《腐蚀性商品储存养护技术条件》（GB 17915—2013）

4.5 温度和湿度

表1 温度和湿度条件

类别	主要品种	适宜温度/℃	适宜相对湿度/%
酸性腐蚀品	发烟硫酸、亚硫酸	0～30	≤80
	硝酸、盐酸及氢卤酸、氟硅（硼）酸、氯化硫、磷酸等	≤30	≤80
	磺酰氯、氧化亚砜、氧氯化磷、氯磺酸、溴乙酰、三氯化磷等多卤化物	≤30	≤75
	发烟硝酸	≤25	≤80
	溴素、溴水	0～28	—
	甲酸、乙酸、乙酸酐等有机酸类	≤32	≤80
碱性腐蚀品	氢氧化钾（钠）、硫化钾（钠）	≤30	≤80
其他腐蚀品	甲醛溶液	10～30	—

参考3 《毒害性商品储存养护技术条件》（GB 17916—2013）

4.4 温度和湿度

库房温度不宜超过35℃，易挥发的毒害性商品，库房温度应控制在32℃以下，相对湿度应在85%以下。对于易潮解的毒害性商品，库房相对湿度应控制在80%以下。

参考4 《首批重点监管的危险化学品安全措施和应急处置原则》安监总管三〔2011〕142号）：列出了60种危险化学品的储存温度等条件。

参考5 《第二批重点监管的危险化学品安全措施和应急处置原则》（安监总管三〔2013〕12号）：列出了14种危险化学品的储存温度等条件。

参考6 《危险化学品仓库储存通则》（GB 15603—2022）

8.3 应根据储存的危险化学品特性和气候条件，确定每日观测库内温湿度次数，并记录。

8.4 应根据储存的危险化学品特性，正确调节控制库内温湿度。

参考7 《危险化学品安全技术全书》（第三版）通用卷、增补卷（2018版）。共选录了2017种危险化学品，详细列出了《化学品安全技术说明书 内容和项目顺序》（GB/T 16483—2008）和《化学品安全技术说明书编写指南》（GB/T 17519—2013）所要求的16大项内容，其中第七部分操作处置与储存中有储存温度条件。

小结： 危险化学品仓库根据所存储的化学品的理化特性来采取针对性的储存措施，包括温度、湿度、光照等条件。

问 58 安全评价报告里面仓库的设计最大储存量，跟最大储存量有什么区别？

答： 按包装规格和堆垛计算仓库的设计最大储存量。严格来说设计最大储存量跟最大储存量是有一点区别的，比如：仓库设计最大储存量是100t，但是你有几种物质都放这个里面，就涉及了单个物质的最大储存量；还有就是一些仓库采用货架，叠放的方式，即使可以储存200t，但是因为设计最大存储量是100t，那么实际的最大储存量也就不能超100t（除非先进行设计变更）。

储罐的设计最大储存量一般算的是按照储罐100%装满乘以充装系数（0.85或0.9）来确定的，储罐的最大储存量也是不能大于设计最大储存量的。

小结： 设计最大储存量是基于设计的角度，规定的该仓库的最大储量。企业实际储存的量不得大于设计最大储存量。

问 59 重大危险源辨识中，按照储罐尺寸来计算最大容积，是否合理？

答： 依据《危险化学品重大危险源辨识》（GB 18218—2018）

3.6　储存单元，用于储存危险化学品的储罐或仓库组成的相对独立的区域，储罐区以罐区防火堤为界限划分为独立的单元，仓库以独立库房（独立建筑物）为界限划分为独立的单元。

4.2.2　危险化学品储罐以及其他容器、设备或仓储区的危险化学品的实际存在量按设计最大量确定。

因此，重大危险源辨识过程中储罐的容积按照设计文件中最大储存量确定。

另外参考“中国石化危险化学品重大危险源辨识指导意见”及相关规

范（如《石油化工企业设计防火标准》（GB 50160—2008，2018 年版）第 6.3.9 条：液化烃、液氨等储罐的储存系数不应大于 0.9）的规定，一般计算危险化学品储罐最大储存量应当考虑充装系数，并且设计时设计最大存量不应超过相关标准规范的要求。

小结：重大危险源辨识过程中储罐的容积按照设计文件中最大储存量确定。

第五章

紧急切断系统及气体检测报警

深入阐述紧急切断系统的启动逻辑、气体检测报警的设置规范，打造安全预警与应急处置坚固防线。

——华安

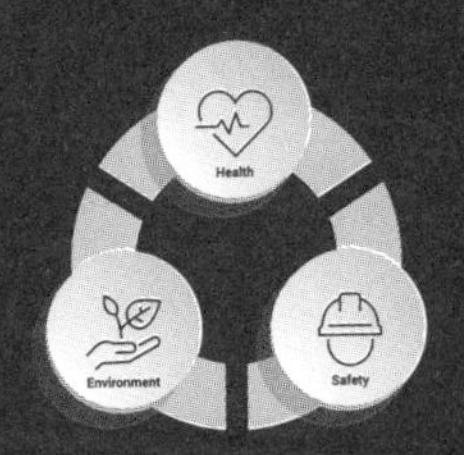

问60 5000m³以下的汽油、柴油储罐需要设置紧急切断阀吗?

答: 紧急切断装置是储罐的安全附件，关于5000m³以下的汽油、柴油储罐是否需要设置紧急切断阀，首先应明确紧急切断阀的概念。根据《石油化工罐区自动化系统设计规范》(SH/T 3184—2017) 第5.4条 罐区开关阀，本条仅对储罐进出油品开关阀的选型原则、技术规格、特殊要求等作出规定。用于管道中流体流通或关断的阀门统称为开关阀。根据操作用途可细分为下列情况和称谓：正常情况（生产运行）时是打开的，非生产运行情况下是关断的称为切断阀或隔离阀，例如：管路启用阀、罐出口、入口切断阀；正常情况下是打开的，当工况异常或事故时需要联锁关断的阀称为紧急切断阀。相关要求具体如下：

参考1 2022年2月24日危化监管二司发布的《油气储存企业紧急切断系统基本要求（试行）》，该文件针对油气储存企业在役大型地上常压储罐（公称直径大于或等于30m或公称容积大于或等于10000m³的储罐，不含低温储罐）紧急切断阀的改造，要求所有与储罐直接相连的工艺物料进出管道上均应设置紧急切断阀，并明确紧急切断阀应同时具备以下关闭功能：

1. 液位超高联锁关闭进料切断阀。
2. 通过阀门本体手动关闭切断阀。
3. 在防火堤外手动按钮关闭切断阀。
4. 在控制室内手动遥控关闭切断阀。

因此从该文件上来说，对5000m³以下的汽油、柴油储罐需要设置紧急切断阀并未明确要求。虽然这个文件并没有明确指出5000m³以下的储罐是否需要设置紧急切断阀，但我们可以从其他相关规定和标准中推断。

参考2 《危险化学品重大危险源监督管理暂行规定》（国家安全监管总局令第40号，第79号修订）

第三条 本规定所称危险化学品重大危险源（以下简称重大危险源），是指按照《危险化学品重大危险源辨识》(GB 18218—2018) 标准辨识确定，生产、储存、使用或者搬运危险化学品的数量等于或者超过临界量的单元（包括场所和设施）。第十三条 危险化学品单位应当根据构成重大危险源的危险化学品种类、数量、生产、使用工艺（方式）或者相关设备、设施等实际情况，按照下列要求建立健全安全监测监控体系，完善控制措施：

（一）一级或者二级重大危险源，具备紧急停车功能。根据《危险化学品重大危险源辨识》（GB 18218—2018），3.6 储存单元：用于储存危险化学品的储罐或仓库组成的相对独立的区域，储罐区以罐区防火堤为界限划分为独立的单元，仓库以独立库房（独立建筑物）为界限划分为独立的单元。因此要将 5000m^3 以下的汽油、柴油储罐以罐区防火堤为界限划分为独立的单元，进一步辨识储罐区的重大危险源等级。若是 5000m^3 以下的汽油、柴油储罐所在的储罐区达到一级或者二级重大危险源，则应按照要求设置紧急切断阀。

参考 3《立式圆筒形钢制焊接储罐安全技术规程》（AQ 3053—2015）

该行业标准适用于设计压力小于 0.1MPa（G）且公称容积大于或等于 1000m^3、建造在地面上、储存毒性程度为非极度或非高度危害的石油、石油产品或化工液体介质、现场组焊的立式圆筒形钢制焊接储罐。公称容积小于 1000m^3、储存其他类似液体介质的储罐，可参照本标准执行。

6.13　切断阀

储罐物料进出口管道靠近罐体处应设一个总切断阀。因此，对于设计压力小于 0.1MPa（G）且公称容积在 1000～5000m^3 之间的汽油、柴油储罐，储罐物料进出口管道靠近罐体处应设一个总切断阀，对于公称容积小于 1000m^3 汽油、柴油储罐，可参照本标准执行，在储罐物料进出口管道靠近罐体处应设一个总切断阀。这虽然并不等同于紧急切断阀，但也体现了对储罐进出物料管道安全控制的重视。

综上所述，若是 5000m^3 以下的汽油、柴油储罐所在的储罐区达到一级或者二级重大危险源，则应按照要求设置紧急切断阀，同时应满足对于设计压力小于 0.1MPa（G）且公称容积在 1000～5000m^3 之间的汽油、柴油储罐，储罐物料进出口管道靠近罐体处应设一个总切断阀，对于公称容积小于 1000m^3 汽油、柴油储罐可参照执行。

小结：汽油、柴油储罐如果构成二级以上重大危险源，应当设置紧急切断阀。

问 61　30000m^3 的柴油储罐出口要加自动切断阀是哪一个规范要求的？

答：30000m^3 的柴油储罐出口需要设置紧急切断阀，相关要求具体如下：

参考1 2022年2月24日危化监管二司发布的《油气储存企业紧急切断系统基本要求（试行）》，该文件针对油气储存企业在役大型地上常压储罐（公称直径大于或等于30m或公称容积大于或等于10000m³的储罐，不含低温储罐）紧急切断阀的改造，要求所有与储罐直接相连的工艺物料进出管道上均应设置紧急切断阀，并明确紧急切断阀应同时具备以下关闭功能：

1. 液位超高联锁关闭进料切断阀。
2. 通过阀门本体手动关闭切断阀。
3. 在防火堤外手动按钮关闭切断阀。
4. 在控制室内手动遥控关闭切断阀。

参考2 《危险化学品重大危险源监督管理暂行规定》（国家安全监管总局令第40号，第79号修订）

第三条　本规定所称危险化学品重大危险源（以下简称重大危险源），是指按照《危险化学品重大危险源辨识》（GB 18218—2018）标准辨识确定，生产、储存、使用或者搬运危险化学品的数量等于或者超过临界量的单元（包括场所和设施）。第十三条　危险化学品单位应当根据构成重大危险源的危险化学品种类、数量、生产、使用工艺（方式）或者相关设备、设施等实际情况，按照下列要求建立健全安全监测监控体系，完善控制措施：

（一）一级或者二级重大危险源，具备紧急停车功能。根据《危险化学品重大危险源辨识》（GB 18218—2018），3.6 储存单元：用于储存危险化学品的储罐或仓库组成的相对独立的区域，储罐区以罐区防火堤为界限划分为独立的单元，仓库以独立库房（独立建筑物）为界限划分为独立的单元。因此要将$3\times10^4m^3$的柴油储罐以罐区防火堤为界限划分为独立的单元，达到一级或者二级重大危险源，应按照要求设置紧急切断阀。

参考3 《立式圆筒形钢制焊接储罐安全技术规程》（AQ 3053—2015）

该行业标准适用于设计压力小于0.1MPa（G）且公称容积大于或等于1000m³、建造在地面上、储存毒性程度为非极度或非高度危害的石油、石油产品或化工液体介质、现场组焊的立式圆筒形钢制焊接储罐。公称容积小于1000m³、储存其他类似液体介质的储罐，可参照本标准执行。该标准第3.1.6款：大型储罐指的是：公称直径大于或等于30m或公称容积大于或等于10000m³的储罐，第12.2.2条款：液位限制附件，大型罐应设高低液位报警装置、高高液位报警装置和紧急切断装置，并采取高高液位报警联锁紧急切断装置的措施，在防火堤外及控制室操作站应设置紧急切断阀联锁按钮。当储罐发生液位报警高高或火灾时，能够遥控或就地手动关闭进料切断阀，在切断阀关闭后，应自动联锁停止进料泵。因此，对于 $3\times10^4m^3$ 的柴油储罐，属于大型储罐，应设置紧急切断装置。

小结： 柴油储罐如果容积达到 $10000m^3$ 或者构成二级以上重大危险源，应当设置紧急切断阀。

问 62 是否有标准规定紧急切断阀必须常开且不能用作工艺控制阀？

具体问题： 现在很多罐区企业为了装车方便，把紧急切断阀用作工艺控制阀使用，罐根闸阀常开，紧急切断阀常开。是否有标准规范对切断阀必须常开，且不能用作工艺控制阀的要求?

答：《液化气体设备用紧急切断阀》（GB/T 22653—2008）对紧急切断阀的定义：安装在槽车（罐车）、罐式集装箱、储罐或管道上，应急情况下，可手动或自动快速关闭的阀门。

需要说明的是，经常使用的阀门叫程控阀，紧急切断阀只有在紧急状态下动作。所以都是按低要求模式；如果是进 SIS 系统的紧急切断阀，我们常规都是按低需求模式设计验算，如果正常操作也是经常使用，实际上人为把阀门改成高需求模式了，其实是无法满足之前确认的 SIL 等级要求的。

小结： 紧急切断阀是用来在紧急情况下，实现物料快速切断的功能，正常情况下是不动作的，不建议作为工艺上的操作阀来使用。

问 63 储罐气动切断阀电缆是否需要埋地敷设？

答： 储罐气动切断阀电缆宜埋地敷设，参考如下：

参考 1 《石油化工罐区自动化系统设计规范》(SH/T 3184—2017)

5.7　电缆

5.7.1　罐区的仪表电缆宜采用埋地方式敷设，应符合《石油化工仪表管道线路设计规范》(SH/T 3019—2016)。

5.7.2 罐区或局部不便于在地下敷设电缆的区域，应采用镀锌钢保护管或带盖板的全封闭具有防腐措施的金属电缆槽的方式敷设，不应采用非金属材料的保护管或电缆槽。

规范理解：

1）电缆进出储罐区采用埋地是“宜”不是“应”。

参考2 《储罐区防火堤设计规范》(GB 50351—2014)

3.1.4 进出储罐组的各类管线、电缆应从防火堤、防护墙顶部跨越或从地面以下穿过。当必须穿过防火堤、防护墙时，应设置套管并应采用不燃烧材料严密封闭，或采用固定短管且两端采用软管密封连接的形式。

参考3 《石油库设计规范》(GB 50074—2014)

15.1.13 自动控制系统的室外仪表电缆敷设，应符合下列规定；

1 在生产区敷设的仪表电缆宜采用电缆沟、电缆保护管、直埋等地下敷设方式。采用电缆沟时，电缆沟应充沙填实。

2 生产区局部地段确需在地面敷设的电缆，应采用镀锌钢保护管或带盖板的全封闭金属电缆槽等方式敷设。

3 非生产区的仪表电极可采用带盖板的全封闭金属电缆槽，在地面以上敷设。

条文说明：

15.1.13 本条规定是为了保护仪表电缆在火灾事故中免受损坏。

“生产区局部地段确需在地面敷设的电缆”，主要指仪表、阀门、设备电缆接头等处以及其他不便采取地面下敷设的电缆。电缆槽比桥架的保护功能好，如果采用桥架，电缆就要采用铠装，大大增加成本。为减少雷击影响，规定应采用金属电缆槽。不能采用合成材料。

参考4 《石油储备库设计规范》(GB 50737—2011)

11.4 仪表电缆敷设

11.4.1 室外仪表电缆敷设应符合下列规定：

1 在生产区敷设的仪表电缆宜采用电缆沟、电缆管道、直埋等地下敷设方式；采用电缆沟时；电缆沟应充沙填实；

2 生产区局部地方确需在地面敷设的电缆应采用保护管或带盖板的电缆桥架等方式敷设；

11.4.2 电缆采用电缆桥架架空敷设时宜采用对绞屏蔽电缆。在同一电缆桥架内应设隔板将信号电缆与220V（AC）电源电缆分开敷设。220V（AC）电源信号也可单独穿管敷设。

11.4.3　仪表电缆保护管宜采用热浸锌钢管。

条文说明：

11.4　仪表电缆敷设

11.4.1　本条规定是为了保护仪表电缆在火灾事故中免受损坏。

“生产区局部地方确需在地面敷设的电缆”，主要指仪表、阀门、设备电缆接头等处以及其他不便采取地面下敷设的电缆。规范理解：指出仪表电缆不便采取地面下敷设可采用保护管或带盖板的电缆桥架敷设，是为了保护电缆在火灾事故中免受损坏。

因此，规范并没有强制要求仪表电缆必须埋地敷设，而是提倡采用埋地方式，其主要目的是为了保护电缆在火灾事故中免受损坏。埋地方式可以采用电缆沟、电缆保护管、直埋等地下敷设方式。然而，在某些情况下，如罐区或局部不便于在地下敷设电缆的区域，可以采用镀锌钢保护管或带盖板的全封闭具有防腐措施的金属电缆槽的方式敷设。同时，也指出，对于确需在地面敷设的电缆，应采取保护措施，如使用带盖的金属槽盒，以及在表头到桥架之间穿保护钢管，并选用阻燃型电缆。这些措施同样是为了保护电缆在火灾事故中免受损坏，并减少雷击影响。总之，储罐气动切断阀电缆是否需要埋地敷设，应根据具体情况而定。在可以埋地的情况下，宜采用埋地方式以保护电缆；在不便于埋地的情况下，应采取适当的保护措施以确保电缆的安全。

小结：储罐气动切断阀电缆首先应采取防火措施，埋地敷设只是措施之一。也可以采用其他的防火措施，包括耐火电缆槽盒和钢管内敷设。

问 64 对罐区紧急切断阀的关闭时间有要求吗？

答：紧急切断阀全行程关闭时间应满足工艺要求，自动关闭时间不宜超过180秒。

参考 1 应急管理部危化监管二司关于印发《大型油气储存基地雷电预警系统基本要求（试行）》《油气储存企业紧急切断系统基本要求（试行）》的通知

附件2（四）开关时间。

紧急切断阀全行程关闭时间应满足工艺要求，自动关闭时间不宜超过180秒。

参考2 《中国石化易燃和可燃液体常压储罐区整改指导意见（试行）》（安非〔2018〕477号）

4.1.8 紧急切断阀通过气动或电动执行机构全开或全关的时间不应超过180秒。

小结： 罐区紧急切断阀的关闭时间要求应不超过180秒。

问 65 露天的二氧化碳储罐，2~3个小时巡检一次，需要设置氧浓度探测器吗？

答： 建议设置。

参考 《石油化工可燃气体和有毒气体检测报警设计标准》（GB/T 50493—2019）

4.1.6 在生产过程中可能导致环境氧气浓度变化，出现欠氧、过氧的有人员进入活动的场所，应设置氧气探测器。

因此，对于露天设置的二氧化碳储罐，考虑到巡检人员会进入该区域，并且二氧化碳本身可能影响到周围的氧气浓度，从而带来安全风险，设置氧浓度探测器是合理的做法。此外，应确保巡检人员具备足够的安全知识和防护设备，并严格按照操作规程进行巡检，以确保人员安全和储罐的正常运行。

小结： 二氧化碳储罐一旦发生大规模泄漏，是会影响到周围的氧气浓度，从而给附近人员带来一定的安全风险，设置氧气浓度探测器是有必要的。

问 66 储存原油的储罐区，需要设置硫化氢气体检测仪吗？

答： 视情况而定，建议根据原油的硫化氢含量来确定比较合适。

理由：相对而言高硫轻质原油硫化氢含量会高些，暴露状态下味道很大，但高硫原油并不一定是硫化氢含量高，也有可能是甲硫醇、乙硫醇等硫化物，建议要根据原油的硫化氢含量来确定比较合适。

小结：原油储罐区是否需要设置硫化氢气体检测仪应根据原油的硫化氢实际含量来确定。

问 67 氢氟酸库房需要安装有毒气体报警仪吗？设定值是多少？

答：氢氟酸属于《高毒物品目录》，急性毒性类别 2，需要设置有毒气体报警仪。

参考 1 《工作场所有毒气体检测报警装置设置规范》（GBZ/T 223—2009）

附录 A（资料性附录）有毒气体检测报警仪的选用，氟化氢的具体设定值如下：

表 A.1 有毒气体检测报警仪的选用推荐表

序号	有毒气体	警报值		检测报警仪的探测器	检测误差（%F.S.）	响应时间（s）	探测器的选择性
		……	……				
……	……			……	……	……	……
48	氟化氢	2	—	ECD	≤ 5	≤ 60	有
……	……	……	……	……	……	……	……

参考 2 《石油化工可燃气体和有毒气体检测报警设计标准》（GB/T 50493—2019）

条文说明：2.0.2 本标准中有毒气体的范围

（1）《高毒物品目录》（卫法监发〔2003〕142 号）中所列的气体或蒸气；

（2）现行国家标准《化学品分类和标签规范 第 18 部分：急性毒性》（GB 30000.18—2013）标准中，急性毒性危害类别为 1 类及 2 类的急性有毒气体。

5.5.2 报警值设定应符合下述规定：

3 有毒气体的一级报警设定值应小于或等于 100%OEL，有毒气体的二级报警设定值应小于或等于 200%OEL。

参考3 《工作场所有害因素职业接触限值 第1部分：化学有害因素》（GBZ 2.1—2019）

氟化氢的OEL为2mg/m³，因此该氟化氢的有毒气体报警仪的一级报警为2mg/m³（或2.2ppm），二级报警为4mg/m³（或4.4ppm）。

小结： 氢氟酸属于需要设置有毒气体报警仪，其设定值宜为一级报警为2mg/m³（或2.2ppm），二级报警为4mg/m³（或4.4ppm）。

问68 含有苯的地下污油罐的有毒气体报警位置在围堰上设置合理吗？

答： 不合理。建议设置在围堰内，注意仪器与释放源的水平距离和距地距离，综合现场环境合理布置。

参考 《石油化工可燃气体和有毒气体检测报警设计标准》（GB/T 50493—2019）

6.1.2 检测比空气重的可燃气体或有毒气体时，探测器的安装高度宜距地坪（或楼地板）0.3～0.6m；检测比空气轻的可燃气体或有毒气体时，探测器的安装高度宜在释放源上方2.0m内。检测比空气略重的可燃气体或有毒气体时，探测器的安装高度宜在释放源下方0.5～1.0m；检测比空气略轻的可燃气体或有毒气体时，探测器的安装高度宜高出释放源0.5～1.0m。

小结： 地下污油罐的有毒气体报警仪安装位置应根据释放源的位置来确定，其范围应满足GB 50493—2019的要求。

第六章
仓库安全

全面梳理仓库选址、布局、货物堆放及消防疏散等安全要点，全方位保障物资存储环境安全。

——华安

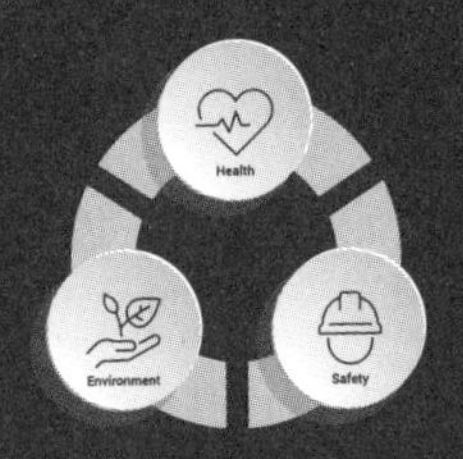

问 69 危险化学品仓库大门向外开启的规定出自哪个规范？

答： 向外开启是为了方便消防疏散和救援，可以使室内疏散出口空间最大化，这样火灾发生时，同等时间内，疏散的人员和物资相对更多。

参考 《建筑设计防火规范》（GB 50016—2014，2018 年版）

第 6.4.11 条 仓库的疏散门应采用向疏散方向开启的平开门，但丙、丁、戊类仓库首层靠墙的外侧可采用推拉门或卷帘门。

小结： 危化品仓库大门向外开启可参考建规 GB 50016—2014。

问 70 对库房防溢流漫坡高度有要求吗？

答： 为了防止物料泄漏，无组织排放，造成环境污染，且发生火灾产生流淌火使事故扩大，甲、乙、丙类液体仓库应设置防止液体流散的设施。

参考 《建筑设计防火规范》（GB 50016—2014，2018 年版）

3.6.12 甲、乙、丙类液体仓库应设置防止液体流散的设施。遇湿会发生燃烧爆炸的物品仓库应采取防止水浸渍的措施。

3.6.12 本条为强制性条文。

甲、乙、丙类液体，如汽油、苯、甲苯、甲醇、乙醇、丙酮、煤油、柴油、重油等，一般采用桶装存放在仓库内。此类库房一旦着火，特别是上述桶装液体发生爆炸，容易在库内地面流淌，设置防止液体流散的设施，能防止其流散到仓库外，避免造成火势扩大蔓延。防止液体流散的基本做法有两种：一是在桶装仓库门洞处修筑漫坡，一般高为 150～300mm；二是在仓库门口砌筑高度为 150～300mm 的门槛，再在门槛两边填沙土形成漫坡，便于装卸。

小结： 防溢流漫坡高度参照建规执行。

问 71 易制爆品可以和其他物品一起存放吗？

答： 根据《易制爆危险化学品名录》，易制爆危险化学品主要包含 9 类，分别是酸类、硝酸盐类、氯酸盐类、高氯酸盐类、重铬酸盐类、过氧化物和超氧化物类、易燃物还原剂类、硝基化合物类和其他化学品，从名录来分析，易制爆品都是化学品。其贮存是根据物质性能分区、分类、分库贮存；各类危险品不得与禁忌物料混合贮存；具体分为隔离贮存、隔开贮存、分离贮存。

参考 《危险化学品仓库储存通则》（GB 15603—2022）附录表 A.1 危险化学品储存配存表。

小结： 易制爆物品按其性质宜单独存放。

问 72 甲乙类仓库能不能分隔出一个防火分区储存危险废物？

答： 关于甲乙类仓库能否分隔出一个防火分区单独储存危险废物，目前国家并没有明确的法规和标准规定，但是依据《危险废物储存污染控制标准》（GB 18597—2023），不建议在甲乙类仓库内再储存危险废物。

参考 《危险废物储存污染控制标准》（GB 18597—2023）

4.1　产生、收集、储存、利用、处置危险废物的单位应建造危险废物储存设施或设置储存场所，并根据需要选择储存设施类型。

4.2　储存危险废物应根据危险废物的类别、数量、形态、物理化学性质和环境风险等因素，确定储存设施或场所类型和规模。

4.3　储存危险废物应根据危险废物的类别、形态、物理化学性质和污染防治要求进行分类储存，且应避免危险废物与不相容的物质或材料接触。

小结： 危险废物贮存库需根据贮存的危险废物的性质，并应满足《建筑设计防火规范》（GB 50016—2014，2018 年版）和《危险废物贮存污染控制标准》（GB 18597—2023）相关条款。

问 73 成品仓库内建办公室、休息室是否属于违规搭建，是否存在风险？

答： 成品仓库内建办公室、休息室是否属于违规搭建，以及是否存在风险，主要取决于仓库的火灾危险性类别以及是否满足相关的建筑规定和安全标准。

表 A.1 危险化学品储存配存表

化学品危险和危害种类		爆炸物	易燃气体、气溶胶	氧化性气体	加压气体（不燃）	易燃液体	易燃固体	自反应物质和混合物	自燃液体、固体	自热物质和混合物	遇水放出易燃气体的物质和混合物	氧化性液体、固体		有机过氧化物	金属腐蚀物皮肤腐蚀/刺激，类别1 严重眼损伤/眼刺激，类别1				急性毒性			
												无机	有机		酸性无机	酸性有机	碱性无机	碱性有机	剧毒无机	剧毒有机	其他无机	其他有机
爆炸物		×																				
易燃气体、气溶胶		×	○																			
氧化性气体		×	×	○																		
加压气体（不燃、非助燃）		×	○	○	○																	
易燃液体		×	×	×	×	○																
易燃固体		×	×	×	×	消	○															
自反应物质和混合物		×	×	×	×	×	×	○														
自燃液体、自燃固体		×	×	×	×	×	×	×	○													
自热物质和混合物		×	×	×	×	×	×	×	×	○												
遇水放出易燃气体的物质和混合物		×	×	×	×	×	×	×	×	×	○											
氧化性液体、固体	无机	×	×	×	分	×	×	×	×	×	×	○										
	有机	×	×	×	消	×	×	×	×	×	×	×	○									
有机过氧化物		×	×	×	×	×	×	×	×	×	×	×	×	○								
金属腐蚀物皮肤腐蚀/刺激，类别1 严重眼损伤/眼刺激，类别1	酸性无机	×	×	×	×	×	×	×	×	×	×	×	×	×	○							
	酸性有机	×	×	×	×	消	×	×	×	×	×	×	×	×	×	○						
	碱性无机	×	×	×	分	消	分	×	×	分	×	分	消	×	×	×	○					
	碱性有机	×	×	×	×	消	消	×	×	×	×	×	×	×	×	×	○	○				

续表

化学品危险和危害种类		爆炸物	易燃气体、气溶胶	氧化性气体	加压气体（不燃）	易燃液体	易燃固体	自反应物质和混合物	自燃液体、固体	自热物质和混合物	遇水放出易燃气体的物质和混合物	氧化性液体、固体		有机过氧化物	金属腐蚀物皮肤腐蚀/刺激，类别1严重眼损伤/眼刺激，类别1				急性毒性			
												无机	有机		酸性无机	酸性有机	碱性无机	碱性有机	剧毒无机	剧毒有机	其他无机	其他有机
急性毒性	剧毒无机	×	×	×	×	×	×	×	×	×	×	×	×	×	×	×	×	×	○			
	剧毒有机	×	×	×	×	×	×	×	×	×	×	×	×	×	×	×	×	×	○	○		
	其他无机	×	×	×	分	消	分	×	×	分	×	分	×	×	×	×	×	×	×	×	○	
	其他有机	×	×	×	×	分	消	×	×	×	×	×	×	×	×	×	×	×	×	×	○	○

“○”框中，具体化学品能否混存，参考其安全技术说明书。混存物品，堆垛与堆垛之间，应留有1m以上的距离，并要求包装容器完整，不使两种物品发生接触。

“×”框中，除本文件5.9规定外，应隔开储存。

“分”框中，堆垛与堆垛之间应留有2m以上的距离。

“消”框中，禁忌物应隔开储存。

当危险化学品具有两种以上危险性时，应按照最严格的禁配要求进行配存。

表中未涉及的健康危害和环境危害类别，具体配存要求参见其化学品安全技术说明书。

爆炸物具体储存要求按照GB 18265执行。

注1：“○”表示原则上可以混存。

注2：“×”表示互为禁忌物品。

注3：“分”指按化学品的危险性分类进行隔离储存。

注4：“消”指两种物品性能并不相互抵触，但消防施救方法不同。

首先，从建筑规划和安全的角度来看，仓库和厂房的用途主要是用于存储和生产，其结构设计和消防设施等都是基于这一用途来配置的。在仓库内建设办公室或休息室，可能会改变建筑物的使用性质，增加火灾等安全隐患。因此，甲、乙、丙类物品的室内储存场所其库房布局不应擅自改变，应依法向当地建设规划部门办理建设工程设计审核、验收或备案手续，以确保其符合相关的建筑和安全标准，如果没有经过设计和取得相关许可手续，即使事后论证符合规范，也属于违规搭建。其次，关于仓库内是否可以设置办公室和休息室，涉及最新发布的《建筑防火通用规范》（GB 55037—2022），以及《建筑设计防火规范》（GB 50016—2014，2018 年版）、《仓储场所消防安全管理通则》（XF 1131—2014）等规范和规定，相关具体标准要求如下：

参考 1 《建筑防火通用规范》（GB 55037—2022）

第 4.2.7 条规定：仓库内不应设置员工宿舍及与库房运行、管理无直接关系的其他用房。甲乙类仓库内不应设置办公室、休息室等辅助用房，不应与办公室、休息室等辅助用房及其他场所贴邻。丙、丁类仓库内的办公室、休息室等辅助用房，应采用防火门、防火窗、耐火极限不低于 2h 的防火隔墙和耐火极限不低于 1h 的楼板与其他部位分隔，并应设置独立的安全出口。

参考 2 《建筑设计防火规范》（GB 50016—2014，2018 年版）

第 3.3.9 条规定：员工宿舍严禁设置在仓库内。办公室、休息室等严禁设置在甲、乙类仓库内，也不应贴邻。办公室、休息室设置在丙、丁类仓库内时，应采用耐火极限不低于 2.5h 的防火隔墙和 1h 的楼板与其他部位分隔，并设置独立的安全出口。隔墙上需开设相互连通的门时，应采用乙级防火门。

参考 3 《仓储场所消防安全管理通则》（XF 1131—2014）

6.3 室内储存场所不应设置员工宿舍。甲、乙类物品的室内储存场所内不应设办公室。其他室内储存场所确需设办公室时，其耐火等级应为一、二级，且门、窗应直通库外。

因此，从使用功能上，办公、休息等类似场所应属民用建筑范畴，但为生产和管理方便，直接为仓库服务的办公管理用房、工作人员临时休息用房、控制室等可以根据所服务场所的火灾危险性类别设置。成品仓库内建办公室、休息室是否违规，以及是否存在风险，需要进一步明确成品仓库属于甲、乙、丙、丁、戊哪类仓库，根据具体的建筑规定和安全标准来判断，应符合库房内布置其他仓储辅助用房的基本防火要求。在实际操作中，企业和个人在进行此类改动前，应咨询当地建设规划部门，以确保符合相关法规和标准，避免潜在的安全风险。

小结：成品仓库内建办公室、休息室应根据仓库的火灾危险性类别然后依据相关的安全标准来判断其合规性。

问 74 危险废物仓库需要设置气体检测报警仪吗？

答：是否设置气体检测报警仪，应根据危险废物（简称危废）物料性质判定；涉及可燃或有毒气体的，应参照规范要求予以设计安装，并应确保投用运行正常。

参考 1 《危险废物收集　贮存　运输技术规范》（HJ 2025—2012）

第 6.5 条　贮存易燃易爆危险废物应配备有机气体报警、火灾报警装置和导出静电的接地装置。

参考 2 《建筑设计防火规范》（GB 50016—2018）

第 8.4.3 条　建筑内可能散发可燃气体、可燃蒸气的场所应设置可燃气体报警装置。

问 75 危险废物仓库储存废活性炭，其火灾危险性类别怎么定性？

答：危险废物仓库（简称危废库）中储存的废活性炭的火灾危险性类别定性是一个复杂的问题，需要综合考虑多种因素。废活性炭因其高比表面积和强吸附能力，对火源敏感，燃烧时易产生大量烟雾和粉尘云，通常被划分为易燃物品。然而，其具体的火灾危险性类别还需根据吸附物质的性质来判断。若吸附物质为易燃或易爆物质，则其火灾危险性类别可能更高。具体参考如下：

参考 1 《建筑设计防火规范》（GB 50016—2014，2018 年版）

表 1 活性炭制造及再生厂房属于乙类，活性炭生产时为乙类，因活

性炭的主要成分是果壳、煤、木材等，根据《建筑设计防火规范》(GB 50016—2014)(2018年版）表3丙类举例：竹、木及其制品，且煤本身就是丙类。所以，活性炭储存火灾危险性类别为丙类。

参考2 《国家危险废物名录》(2025年版）中规定了废物类别几个大类，13种废活性炭可明确认定为危险废物，其火灾危险性类别依据活性炭吸附物质的火灾危险性来判断，至少应是丙级。

参考3 若该废活性炭危废库中还储存其他危险性物品，则根据《建筑设计防火规范》(GB 50016—2014，2018年版）第3.1.4条：同一座仓库或仓库的任一防火分区内储存不同火灾危险性物品时，仓库或防火分区的火灾危险性应按火灾危险性最大的物品确定。

因此，根据建规，活性炭在生产时为乙类火灾危险性，储存时为丙类。而对于危废库中储存的废活性炭，通常都是作为吸附其它介质饱和后的危险物品废物，因活性炭高比表面积和强吸附能力，废活性炭其火灾危险性要高于成品活性炭丙类，具体的火灾危险性类别还需根据吸附物质的性质来判断，如吸附主要是甲类物质，废活性炭也视应甲类物质。此外若危废库中还储存有其他危险性物品，则整个仓库或防火分区的火灾危险性应按其中火灾危险性最大的物品确定。危废库储存废活性炭的火灾危险性类别需根据实际情况具体分析评估，并采取相应的安全措施确保安全。

小结： 危废库储存废活性炭的火灾危险性类别需根据实际情况具体分析评估，并采取相应的安全措施确保安全。

问76 片装硫黄库内需要考虑粉尘爆炸区域吗？

答： 需要考虑粉尘爆炸区域，依据如下：

参考1 《建筑设计防火规范》(GB 50016—2014，2018年版）

3.1.3 储存物品的火灾危险性应根据储存物品的性质和储存物品中的可燃物数量等因素划分，可分为甲、乙、丙、丁、戊类，并应符合表3.1.3的规定。硫黄为乙类4项（不属于甲类的易燃固体）和丙类2项（粒径大于或等于2mm的工业成型硫黄）。

参考2 《工贸行业重点可燃性粉尘目录》(2015年版）

序号	名称	中位径 /μm	爆炸下限 / (g/m^3)	最小点火能 (mJ)	最大爆炸压力 /MPa	爆炸指数 / (MPa·m/s)	粉尘云引燃温度 /℃	粉尘层引燃温度 /℃	爆炸危险性级别
36	硫	20	30	8	0.68	15.1	280		高

参考3《工业硫磺　第1部分：固体产品》(GB/T 2449.1—2014)

8.1　固体工业硫黄无毒、易燃。硫黄粉尘易爆。使用和运输固体工业硫黄时应防止生成或泄出硫黄粉尘。

小结：片装硫黄库如果在使用和储存过程中存在产生粉尘的场所，应考虑粉尘防爆。

问77　对硝酸铵堆垛方式及堆垛高度有无特定要求?

答：有特定要求。

参考1《硝酸铵》(GB/T 2945—2017)

7.4　产品应储存于场地平整、阴凉、通风干燥的仓库内。垛与垛、垛与墙之间应保持0.7m以上，堆置高度应小于7m。避免露天储存、防止日晒雨淋。

参考2《硝酸铵安全技术规范》(GB 44022—2024)

6.2.8　固体硝酸铵储存堆垛宽度不应大于6m，堆垛长度不应大于15m，堆垛高度不应大于2.2m，主通道不应小于2m，堆垛之间不应小于1m，堆垛与墙壁之间不应小于0.9m，堆垛顶端距离仓库屋顶或承重梁不应小于0.9m，堆垛与灯之间不应小于0.9m，堆垛与柱之间不应小于0.5m。

参考3《危险化学品仓库储存通则》(GB 15603—2022)

6.2.2　除200L及以上的钢桶、气体钢瓶外，其他包装的危险化学品不应直接与地面接触，垫底高度不小于10cm。

6.2.4　采用货架存放时，应置于托盘上并采取固定措施。

6.2.5　仓库堆垛间距应满足以下要求：

a）主通道大于或等于200cm;

b）墙距大于或等于50cm;

c）柱距大于或等于30cm;

d）垛距大于或等于100cm（每个堆垛的面积不应大于150m²）；

e）灯距大于或等于50cm。

小结： 硝酸铵堆垛高度和堆垛间距应满足相关标准的要求。

问 78 对易制爆物质储存仓库设计的要求有哪些?

具体问题： 对易制爆物质储存仓库设计的要求有哪些? 《易燃易爆性商品储存养护技术条件》(GB 17914—2013) 中分库储存、专库储存指的是?

答： 易制爆物质储存仓库设计参考《危险化学品安全管理条例》(国务院令 第591号)、《易制爆危险化学品治安管理办法》(公安部令第154号)、《易制爆危险化学品储存场所治安防范要求》(GA 1511—2018)，储存仓库设计方面主要根据危险品性能分区、分类、分库储存。

参考1 《危险化学品安全管理条例》(国务院令第591号，2013年修正)

第二十条 生产、储存危险化学品的单位，应当根据其生产、储存的危险化学品的种类和危险特性，在作业场所设置相应的监测、监控、通风、防晒、调温、防火、灭火、防爆、泄压、防毒、中和、防潮、防雷、防静电、防腐、防泄漏以及防护围堤或者隔离操作等安全设施、设备，并按照国家标准、行业标准或者国家有关规定对安全设施、设备进行经常性维护、保养，保证安全设施、设备的正常使用。

生产、储存危险化学品的单位，应当在其作业场所和安全设施、设备上设置明显的安全警示标志。

第二十四条 危险化学品应当储存在专用仓库、专用场地或者专用储存室（以下统称专用仓库）内，并由专人负责管理；剧毒化学品以及储存数量构成重大危险源的其他危险化学品，应当在专用仓库内单独存放，并实行双人收发、双人保管制度。

危险化学品的储存方式、方法以及储存数量应当符合国家标准或者国家有关规定。

第二十六条 危险化学品专用仓库应当符合国家标准、行业标准的要求，并设置明显的标志。储存剧毒化学品、易制爆危险化学品的专用仓库，应当按照国家有关规定设置相应的技术防范设施。

储存危险化学品的单位应当对其危险化学品专用仓库的安全设施、设备定期进行检测、检验。

参考 2 《易制爆危险化学品治安管理办法》（公安部令第 154 号）

第二十六条　易制爆危险化学品应当按照国家有关标准和规范要求，储存在封闭式、半封闭式或者露天式危险化学品专用储存场所内，并根据危险品性能分区、分类、分库储存。

教学、科研、医疗、测试等易制爆危险化学品使用单位，可使用储存室或者储存柜储存易制爆危险化学品，单个储存室或者储存柜储存量应当在 50 公斤以下。

第二十七条　易制爆危险化学品储存场所应当按照国家有关标准和规范要求，设置相应的人力防范、实体防范、技术防范等治安防范设施，防止易制爆危险化学品丢失、被盗、被抢。

参考 3 《易制爆危险化学品储存场所治安防范要求》（GA 1511—2018）

2. 分库储存、专库储存

参考 4 《危险化学品仓库储存通则》（GB 15603—2022）

3.1　隔离储存 segregated storage

在同一房间或同一区域内，不同的物料之间分开一定的距离，非禁忌物料间用通道保持空间的储存方式。

3.2　隔开储存 cut-off storage

在同一建筑或同一区域内，用隔板或墙，将不同禁忌物品分离开的储存方式。

3.3　分离储存 detached storage

在不同的建筑物或同一建筑不同房间的储存方式。

参考 5 《易燃易爆性商品储存养护技术条件》（GB 17914—2013）

4.2.2　各类商品依据性质和灭火方法的不同，应严格分区、分类、分库存放。

4.3.2　除按附录 A 规定分类储存外，以下品种应专库储存：

a）爆炸品：黑色火药类、爆炸性化合物应专库储存；

b）压缩气体和液化气体：易燃气体、助燃气体和有毒气体应专库储存；

c）易燃液体可同库储存；但灭火方法不同的商品应分库储存；

d）易燃固体可同库储存；但发乳剂 H 与酸或酸性商品应分库储存；

e）硝酸纤维素酯、安全火柴、红磷及硫化磷、铝粉等金属粉类应分库储存；

f）自燃商品：黄磷、烃基金属化合物，浸动植物油的制品应分库储存；

g）遇湿易燃商品应专库储存；

h）氧化剂和有机过氧化物，一、二级无机氧化剂与一、二级有机氧化剂应分库储存；氯酸盐类、高锰酸盐、亚硝酸盐、过氧化钠、过氧化氢等应分别专库储存。

参考6 《危险化学品仓库储存通则》（GB 15603—2022）

5.1 危险化学品仓库应采用隔离储存、隔开储存、分离储存的方式对危险化学品进行储存。

5.6 储存爆炸物的仓库，其外部安全防护距离以及物品存放应满足GB 18265 的要求。

5.10 剧毒化学品、监控化学品、易制毒化学品、易制爆危险化学品，应按规定将储存地点、储存数量、流向及管理人员的情况报相关部门备案，剧毒化学品以及构成重大危险源的危险化学品，应在专用仓库内单独存放，并实行双人收发，双人保管制度。

小结：易制爆物资仓库属于高度危险的场所，其设计必须满足以上标准的要求。

问79 化学试剂储存柜是否需要进行防静电接地？

具体问题：存放化学试剂的储存柜，是否要静电接地？能否将各个柜连起来，就是串联接地？

答：存放化学试剂的储存柜根据情况决定是否需要静电接地，如采取静电接地应单独接地，参考如下：

参考1 《化学化工实验室安全管理规范》（T/CCSAS 005—2019）

9.5.1 属于爆炸性气体环境0～2区或爆炸性粉尘环境20～22区的实验室，包括通风橱，照明，电气仪表等均应使用相应防爆等级的防爆设备；配备相应的防静电措施，操作人员应避免穿易产生静电的内外服装；并不得使用明火加热和电炉。

参考2 《危险化学品储存柜安全技术要求及管理规范》（DB 4403/T 79—2020）

5.6.2 柜体应装有静电接地装置并张贴静电接地标识，静电接地应符合 GB 12158 的要求。

6.1　d）用以说明只有存放类别为易燃液体和可燃液体的储柜需要静电接地：易燃液体和可燃液体储存柜柜体防静电接地装置应有效运行，静电接地体的电阻值应小于 100Ω，静电防护的其他要求应符合 GB 12158 的要求。

参考3《电气装置安装工程　接地装置施工及验收规范》(GB 50169—2016)

4.2.9　电气装置的接地必须单独与接地母线或接地网相连接，严禁在一条接地线中串接两个及两个以上需要接地的电气装置。

虽然这是电气装置的接地要求，但可以作为不能串联接地的参考依据。

小结： 化学试剂储存柜位于防爆区域内或者存放的物资为易燃易爆类的介质，需要进行静电接地。

问 80　危险化学品仓库门口设置的缓坡影响进出如何解决？

具体问题： 危险化学品桶装物料仓库，门口要求做 150mm 的缓坡。但叉车运输夹具易因颠簸造成脱落破损。这问题有没有好的解决方案？

答： 可以从管理角度和工程角度来选择以下方案：

（1）建议修订叉车操作规程，规范叉车出入库操作程序，通过控制叉车速度、货叉的高度等操作方式，平稳通过库房大门，辅助警示标识和视频监控考核。

（2）每次使用前，认真检查叉车夹具的安装是否牢固可靠。

（3）在保证漫坡高度符合要求的情况下，适当减小坡度。如下图。

（4）参考《建筑设计防火规范》(GB 50016—2014，2018 年版)：

3.6.12　本条为强制性条文。甲、乙、丙类液体，如汽油、苯、甲苯、甲醇、乙醇、丙酮、煤油、柴油、重油等，一般采用桶装存放在库内。此类库房一旦着火，特别是上述桶装液体发生爆炸、容易在库内地面流淌，设置防止液体流散的设施，能防止其流散到仓库外，避免造成火势扩大蔓延。防止液体流散的基本做法有两种：一是在桶装仓库门洞处修筑漫坡，一般高为 150～300mm；二是在仓库门口砌筑高度为 150～300mm 的门槛、再在门槛两边填沙土形成漫坡，便于装卸。

小结： 危化品仓库门口设置缓坡是为了限制介质泄漏的范围，车辆在进出过程中应确保低速、牢固、缓慢行驶通过。

问 81 实验室内使用危险品的量如何确定?

答： 实验室是目前化工行业里经常遇到的一种建筑类型，关于实验室内使用危险品的量一直是行业相关人员关注的焦点。

参考 1《建筑设计防火规范》(GB 50016—2014，2018 年版)

第 3.1.2 条条文解释明确规定了实验室“使用”甲乙类危险品的量，这是目前为止最具权威的解读。

表 2 列出了部分生产中常见的甲、乙类火灾危险性物品的最大允许量。本表仅供使用本条文时参考。现将其计算方法和数值确定的原则及应用本表应注意的事项说明如下：

1）厂房或实验室内单位容积的最大允许量。

单位容积的最大允许量是实验室或非甲、乙类厂房内使用甲、乙类火灾危险性物品的两个控制指标之一。实验室或非甲、乙类厂房内使用甲、乙类火灾危险性物品的总量同其室内容积之比应小于此值。即：

$$\frac{\text{甲、乙类物品的总量(kg)}}{\text{厂房或实验室的容积(m}^3\text{)}} < \text{单位容积的最大允许量} \quad (1)$$

下面按气、液、固态甲、乙类危险物品分别说明该数值的确定。

① 气态甲、乙类火灾危险性物品。

一般，可燃气体浓度探测报警装置的报警控制值采用该可燃气体爆炸下限的 25%。因此，当室内使用的可燃气体同空气所形成的混合性气体不大于爆炸下限的5%时，可不按甲、乙类火灾危险性划分。本条采用5%这个数值还考虑到，在一个面积或容积较大的场所内，可能存在可燃气体扩散不均匀，会形成局部高浓度而引发爆炸的危险。

由于实际生产中使用或产生的甲、乙类可燃气体的种类较多，在本表中不可能一一列出。对于爆炸下限小于10%的甲类可燃气体，空间内单位容积的最大允许量采用几种甲类可燃气体计算结果的平均值（如乙炔的计算结果是0.75L/m³，甲烷的计算结果为2.5L/m³），取1L/m³。对于爆炸下限大于或等于10%的乙类可燃气体，空间内单位容积的最大允许量取5L/m³。

② 液态甲、乙类火灾危险性物品。

在室内少量使用易燃、易爆甲、乙类火灾危险性物品，要考虑这些物品全部挥发并弥漫在整个室内空间后，同空气的混合比是否低于其爆炸下限的5%。如低于该值，可以不确定为甲、乙类火灾危险性。某种甲、乙类火灾危险性液体单位体积（L）全部挥发后的气体体积，参考美国消防协会《美国防火手册》（*Fire Protection Handbook*，NFPA），可以按下式进行计算：

$$V = 830.93\frac{B}{M} \tag{2}$$

式中　V——气体体积，L；

B——液体的相对密度；

M——挥发性气体的相对密度。

③ 固态（包括粉状）甲、乙类火灾危险性物品。

对于金属钾、金属钠，黄磷、赤磷、赛璐珞板等固态甲、乙类火灾危险性物品和镁粉、铝粉等乙类火灾危险性物品的单位容积的最大允许量，参照了国外有关消防法规的规定。

参考2　《科研建筑设计标准》（JGJ 91—2019）

第5.2.3条也提及了科研建筑内“使用”及“储存”危险化学品的量的要求，其条文解释中对危险化学品的量有控制要求，“超过上述的量，应考虑设置防护单元与其他区域安全隔离”。由此条及条文解释可以认为，实验室在“使用量”上有所控制，超出规范规定的使用量需要设置“防护单元”隔离储存，但对储存量没有明确限定。

参考3　《企业实验室危险化学品安全管理规范》（DB22/T 3037—2019）

9.2.1 实验室危险化学品储存不应超过当日实验所需量。

9.2.2 每间实验室内存放的氧气和可燃气体不宜超过1瓶。其他气瓶的存放，应控制在最小需求量。

其他参考标准《实验室危险化学品安全管理规范》(DB11/T 1191.1～2—2018)，《化学化工实验室安全管理规范》(T/CCSAS 005—2019)，以上规范均对实验室内“存放限量”有了具体规定，这是对GB 50016—2014限量的补充说明，是否可以执行需咨询当地有关部门的意见。

综上，实验室属性是“民用建筑”[参考GB 50016—2014 3.4.1条文解释，《房屋建筑统一编码与基本属性数据标准》(JGJ/T 496—2022)第4.0.11条]。实验室内“使用量”首先参考GB 50016—2014 3.1.2的条文说明，参考团标及地方标准时应先咨询当地监管部门。实验建筑内的储存室内存放易爆危险品的量不超50kg，并按相关规范要求做防火，防爆设计。

小结：实验室内使用危险品的量执行建规和实验室相关标准的规定。

问 82 电石库设计相关的规范有哪些？

答：以下规范供参考：

《电石生产企业安全生产标准化实施指南》(AQ 3038—2010)；

《电石生产安全技术规程》(GB/T 32375—2015)；

《碳化钙（电石）》(GB/T 10665—2004)；

《电石装置安全设计规范》(T/CCIAC 001—2021)；

小结：电石库设计相关的标准规范如上所述。

问 83 甲类仓库设立体货架有没有高度层数要求？

答：甲类仓库设立体货架，对层数和高度有标准要求。立体货架高度过高容易发生倾覆，且不便于装卸，此外立体货架的整体高度会受到建筑物体积的制约，如果仓库内需要设置水喷淋系统的话，立体仓库的货架还需要和水喷淋系统保持一定的间距。

参考1《石油化工全厂仓库及堆场设计规范》（GB 50475—2008）

10.2.9 货架的选用应符合下列规定：

1 板式货架可用于储存备品备件、劳保用品和小型箱装、桶装物料。当采用人工存取时，宜为3～5层，货架高度不宜大于2.00m。每层荷载为3.00～5.00kN时，宜选用轻型或中型货架；每层荷载为5.00～8.00kN时，应选用重型货架。

2 悬臂式货架可用于金属材料库，除金属板材以外的金属型材，宜配备叉车或起重机械存取。每层荷载小于1.50kN时，宜选用轻型悬臂式货架；每层荷载为1.50～5.00kN时，宜选用中型悬臂式货架；每层荷载大于5.00kN时，应选用重型悬臂式货架。

3 驶入式货架可用于储存托盘码垛集装的袋装、箱装物料，并宜配备叉车存取。每个货格的荷载不宜大于10kN。当采用纵向深度、单向通道操作时，货格数量不宜超过4格，当采用双向通道操作时，货格数量不宜超过8格。

4 手动或电动移动式货架可用于储存托盘码垛集装的备品备件和小型箱装、桶装物料以及半自动或自动化控制的仓库。

参考2《甲类库房货物货架存放安全管理规范》（DB5101/T 119—2021）

4.1 库房的设计应符合GB 50016、GB 15603的规定。

4.2 库房最大净空高度不超过10m，最大储物高度不超过8.5m，最大储物高度距顶部不小于1.5m，且应满足GB 50084的要求。

4.3 库房按照GB 50914规定的重点设防类1等（乙1类）进行抗震设计。货架的结构、材料、稳定性、载荷等应符合GB 50017、GB 50018的规定。货架耐火等级应不低于二级。

小结：甲类仓库设立体货架，对层数和高度是有标准要求的，需严格按照相关标准执行。

问84 仓库洗眼器必须设置在室外吗？

答：未有标准要求仓库洗眼器必须设置在室外。洗眼器的设置参考如下：

参考1《石油化工企业职业安全卫生设计规范》（SH/T 3047—2021）

11.5 紧急冲淋设施

11.5.1 生产过程中有可能接触到刺激性毒物、高腐蚀性物质或易经皮肤吸收毒物的场所应设置紧急冲淋器及洗眼器。紧急冲淋系统的设计应符合《石油化工紧急冲淋系统设计规范》（SH/T 3205—2019）的规定。

11.5.2 紧急冲淋器或洗眼器的位置应满足在事故状况下使用人员能在10s内到达，且距相关设备不超过15m。紧急冲淋器或洗眼器应与危险操作地点处于同一平面，中间不应有障碍物。

11.5.3 紧急冲淋设施周围的照度设计应符合SH/T 3027的规定。

11.5.4 紧急冲淋设施的声光报警信号宜送至控制室。

参考2 《化工企业安全卫生设计规范》（HG 20571—2014）

5.1.6 在液体毒性危害严重的作业场所，应设计洗眼器、淋洗器等安全防护措施，淋洗器、洗眼器的服务半径应不大于15m。

5.6.5 具有化学灼伤危险的作业场所，应设计洗眼器、淋洗器等安全防护措施，淋洗器、洗眼器的服务半径应不大于15m。淋洗器、洗眼器的冲洗水上水水质应符合现行国家标准《生活饮用水卫生标准》（GB 5749—2022）的规定，并应为不间断供水；淋洗器、洗眼器的排水应纳入工厂污水管网，并在装置区安全位置设置救护箱。工作人员配备必要的个人防护用品。

参考3 《眼面部防护 应急喷淋和洗眼设备 第2部分：使用指南》（GB/T 38144.2—2019）

5.2 区域布置

5.2.1 应急喷淋和洗眼设备宜安装在作业人员10s内能够到达的区域内，并与可能发生危险的区域处于同一平面上，同时需考虑在前往设备的路线中避免障碍物的阻挡。需考虑受害人员的身体状况和情绪（在视觉损伤时，有一定程度的痛苦和恐慌）以及现场人员援助的可能性。一般情况下，人以正常步速行走时，10s平均可以走15m。

5.2.2 安装人员需考虑在前往应急喷淋和洗眼设备的路线中存在的潜在危险可能会带来更大的伤害。门在一般情况下可视为障碍物。但在没有腐蚀的危险区域，当门的开启方向与到达应急喷淋和洗眼设备的方向一致且门未上锁时，此门可以保留。此外，安装人员宜允许足够的净空高度在柜台或水龙头安装洗眼器的柜子，避免使用设备时造成额外的风险。

5.2.3 应急设备宜安放在接近危险的位置，但需考虑到使用设备时冲洗液可能存在四处飞溅的危险或其他危险（例如暴露的有电导体）。

小结： 仓库洗眼器不是必须设置在库外，按照方便快捷的原则布置即可，但需满足服务半径的标准要求。

问 85 危险化学品仓库内可以进行分包、加工等作业吗？

答： 不可以，危险化学品分装、改装、开箱、验收等活动，应在库房外安全地点进行。

参考 1 《易燃易爆性商品储存养护技术条件》（GB 17914—2013）

8.5 仓库内不应进行分装、改装、开箱、验收等，以上活动应在库房外进行。

参考 2 《危险化学品仓库储存通则》（GB 15603—2022）

11.3.3 储存仓库内禁止进行开桶、分装、改装作业。

参考 3 《腐蚀性商品储存养护技术条件》（GB 17915—2013）

第 7.2 条 c）款：分装、改装、开箱检查等应在库房外进行；

参考 4 《毒害性商品储存养护技术条件》（GB 17916—2013）

5.1.6 验收应在库房外安全地点进行。

小结： 危险化学品仓库内不可以进行分包、加工等作业，此类作业需在库房外安全地点进行。

问 86 工贸企业使用危险化学品有没有储存量的上限要求？需要安全评价吗？

答：《危险化学品安全使用许可证实施办法》针对的是化工企业，不适用工贸企业。使用危险化学品的工贸行业哪怕使用量达到规定的，也不需要到相关部门办理危险化学品使用许可证，并无法定要求进行安全评价。地方监管部门有特殊规定的，建议执行地方规定。相关依据如下：

参考 1 《危险化学品安全使用许可证实施办法》（安监总局令第 57 号，总局令第 79 号、第 89 号修正）

第二条　本办法适用于列入危险化学品安全使用许可适用行业目录、使用危险化学品从事生产并且达到危险化学品使用量的数量标准的化工企业（危险化学品生产企业除外，以下简称企业）。使用危险化学品作为燃料的企业不适用本办法。第十三条　企业应当依法委托具备国家规定资质条件的安全评价机构进行安全评价，并按照安全评价报告的意见对存在的安全生产问题进行整改。

参考 2 使用许可的行业见《危险化学品安全使用许可适用行业目录（2013 年版）》（安监总局公告 2013 年第 3 号）

参考 3 使用量的标准见《危险化学品使用量的数量标准（2013 年版）》（安监总局、公安部、农业部公告 2013 年第 9 号）

参考 4 《浙江省工贸企业危险化学品使用安全管理指南（试行）》3.3 规定使用危险化学品从事生产，使用和储存量比较大的企业，最好委托具备国家规定资质条件的机构，对企业的安全生产条件进行安全评价，安全评价报告的内容应当包括对安全生产条件存在的问题进行整改的方案，并将安全评价报告及整改方案的落实情况报所在地县级人民政府应急管理部门；其他企业应定期开展安全评价和风险辨识（评估或专家检查），企业应根据安全评价（评估或专家检查）结果改善安全生产条件。

小结：工贸企业使用化学品，其使用量需满足 2013 年 9 号文的要求，但是具体是否进行安全评价，国家没有明文要求，可咨询当地政府部门。

问 87 新建三个冷库和一个灌桶间（都是丙类建筑物），其间距如何控制？

答：首先要判定新建的三个丙类冷库是什么类型项目，每个项目适用哪个规范来确定。

（1）若是一般化工、工贸企业，可以参照《建筑设计防火规范》（GB 50016—2014，2018 年版）表 3.4.1 规定的 10m 距离要求。

（2）若项目是石油化工企业中全厂性仓库，建议参考《石油化工全厂性仓库及堆场设计规范》（GB 50475—2008）表 4.2.2 丙类仓库和丙类灌装间之间的防火间距为 14.5m。

(3) 若项目是石油化工企业内车间的仓库，建议参考《石油化工企业设计防火标准》(GB 50160—2008，2018 年版) 表 4.2.12 中注 8 丙类仓库和丙类工艺装置的防火间距为 15m。

小结： 丙类冷库之间的间距根据所述企业性质和位置，执行相应的防火间距。

问 88 哪个标准规定甲乙类仓库两边不能有油性植物?

答： 相关规范整理如下:

参考 1 《石油化工全厂性仓库及堆场设计规范》(GB 50475—2008)

4.8.3　有防火要求的仓库及堆场附近，应选择水分大、树脂少，且有阻挡火灾蔓延作用的树种。

参考 2 《石油化工企业设计防火标准》(GB 50160—2008，2018 年版)

4.2.11　厂区的绿化应符合下列规定:

1) 生产区不应种植含油脂较多的树木，宜选择含水分较多的树种;

2) 工艺装置或可燃气体、液化烃、可燃液体的罐组与周围消防车道之间不宜种植绿篱或茂密的灌木丛;

3) 在可燃液体罐组防火堤内可种植生长高度不超过 15cm、含水分多的四季常青的草皮;

4) 液化烃罐组防火堤内严禁绿化;

5) 厂区的绿化不应妨碍消防操作。

参考 3 《工业企业总平面设计规范》(GB 50187—2012)

9.2.3　具有易燃、易爆的生产、储存及装卸设施附近宜种植能减弱爆炸气浪和阻挡火势向外蔓延、枝叶茂密、含水分大、防爆及防火效果好的大乔木及灌木，不得种植含油脂较多的树种。绿化布置应保证消防通道的宽度和净空高度，并应有利于消防扑救。

参考 4 《化工企业总图运输设计规范》(GB 50489—2009)

8.2.6　具有可燃、易爆特性的生产、储存和装卸设施及火灾危险性较大的区域附近，不应种植含油脂较多及易着火的树种，应选择水分较多、枝叶较密、根系深、萌蘖力强，且有利于防火、防爆的树种。其绿化布置，应保证消防通道的宽度和净空高度。

小结：油性植物属于易燃类植物，在易燃易爆类的甲乙类仓库两边不宜种植。

问 89 剧毒化学品“五双”管理出自哪个规范？

答：要求“五双”管理的出自以下法规标准：

参考1 《危险化学品经营许可证管理办法》（国家安监总局令第55号，第79号修正）

第七条 申请人经营剧毒化学品的，除符合本办法第六条规定的条件外，还应当建立剧毒化学品双人验收、双人保管、双人发货、双把锁、双本账等管理制度。

参考2 《危险化学品安全管理条例》（国务院令第591号，2013年修正）

第二十四条 危险化学品应当储存在专用仓库、专用场地或者专用储存室（以下统称专用仓库）内，并由专人负责管理；剧毒化学品以及储存数量构成重大危险源的其他危险化学品，应当在专用仓库内单独存放，并实行双人收发、双人保管制度。

参考3 《危险化学品从业单位安全标准化通用规范》（AQ 3013—2008）

第5.6.3.9条 企业的剧毒化学品必须在专用仓库单独存放，实行双人收发、双人保管制度。企业应将储存剧毒化学品的数量、地点以及管理人员的情况，报当地公安部门和安全生产监督管理部门备案。

参考4 《仓储业防尘防毒技术规范》（WS 712—2012）

第9.5条 剧毒化学品必须单独存放在配备防盗报警装置的专用仓库内，严格实行双人收发、双人记账、双人双锁、双人运输、双人使用的“五双”制度。

参考5 《危险化学品中间仓库安全管理规范》（DB4403/T 80—2020）

7.5　剧毒化学品必须在专用仓库内单独存放，储存管理应符合GA1002的要求，实行“五双”管理（双人验收、双人保管、双人发货、双把锁、双本账）。

小结：剧毒类的危险化学品根据特殊化学品的危险特性，出于安全和反恐的需要，必须实行“五双”管理。

问 90 危险化学品库房内是否需要安装图像采集装置?

答：需要。

参考 1《危险化学品安全管理条例》（国务院令第591号，2013年修正）

第二十条　生产、储存危险化学品的单位，应当根据其生产、储存的危险化学品的种类和危险特性，在作业场所设置相应的监测、监控、通风、防晒、调温、防火、灭火、防爆、泄压、防毒、中和、防潮、防雷、防静电、防腐、防泄漏以及防护围堤或者隔离操作等安全设施、设备，并按照国家标准、行业标准或者国家有关规定对安全设施、设备进行经常性维护、保养，保证安全设施、设备的正常使用。

参考 2《危险化学品生产企业反恐怖防范要求》（GA 1804—2022）

7.3.6　危险化学品仓库库房内应设置视频图像采集装置，监视及回放图像应能清楚辨别人员的体貌特征。应设置出入口控制装置，对进出人员进行管理。

参考 3《危险化学品经营企业安全技术基本要求》（GB 18265—2019）

4.3.6　危险化学品仓库应在库区建立全覆盖的视频监控系统。

小结：危险化学品库房无论是出于安全监控的需要，还是反恐的需求都需要安装图像采集装置。

问 91 桶装盐酸和烧碱可以储存一起吗?

答：应隔开储存。在同一建筑或同一区域内，用防渗漏防腐蚀实体墙或隔板隔开，将其与禁忌物料分离开的储存方式。参考依据如下：

参考1 《危险化学品仓库储存通则》(GB 15603—2022)

表 A.1 危险化学品储存配存表续：酸性无机与碱性无机互为禁忌物品，当不涉及本文件 5.9 规定时，应隔开储存。

3.4 条：隔开储存：在同一建筑或同一区域内，用隔板或墙，将不同禁忌物品分离开的储存方式。

参考2 《易燃易爆性商品储存养护技术条件》(GB 17914—2013)

附录 A.1 危险化学品混存性能互抵表：腐蚀性物品酸碱不能混存。

参考3 《腐蚀性商品储藏养护技术条件》(GB 17915—2013)

附录 A 危险化学品混存性能互抵表：腐蚀性物品酸碱不能混存。

参考4 《危险化学品仓库建设及储存安全规范》(DB11/T-755—2010)

表 A.1 危险化学品储存禁忌表：酸碱不可以混存。

小结： 盐酸和烧碱属于禁忌混合存放，故不可以混存。

问 92 ERP 系统有记录危险化学品仓库进出库明细，还需要在现场详细记录吗？

答： 是需要从 ERP 系统中导出为电子文档，如果没有 ERP 系统，现场需要有台账明细；尤其涉及易制毒易制爆的，必须严格执行出入库记录。

参考 《国家安全监管总局关于进一步加强非药品类易制毒化学品监管工作的指导意见》(安监总管三〔2012〕79 号)

（九）强化非药品类易制毒化学品销售管理，做到销售流向清晰、档案记录完整。企业要依法销售非药品类易制毒化学品，按规定查验购买者应持有的由公安机关核发的购买资质证明和购买经办人身份证。对符合条件的购买者，要如实记录销售的品种、数量、日期和购买方的详细地址、联系方式和自述用途等情况，留存上述资质证明和身份证的复印件。记录和留存复印件等销售资料应当保存 2 年备查。对非药品类易制毒化学品生产、经营的各项记录台账、资料，要逐步建立电子文档，实现信息化、动态化管理。

小结： 如果企业有 ERP 系统用来记录危险化学品的出入库管理，可以不需要现场再填写纸质记录表，但需保证 ERP 系统有备份功能。

问 93 乙醇储存的甲类仓库必须要达到一级耐火等级吗?

答：相关要求如下：

参考 1 《易燃易爆性商品储存养护技术条件》(GB 17914—2013)

4.2.2.2　低、中闪点液体、一级易燃固体、自燃物品、压缩气体和液化气体类应储存于一级耐火建筑的库房内。

乙醇闭口闪点 13℃，属于中闪点液体，按 GB 17914 第 4 章是强制性条款，乙醇库房应耐火一级。但此规定过于严格，有悖于《建筑设计防火规范》规定。

参考 2 《危险化学品仓库储存通则》(GB 15603—2022)

第 5.8 条：储存具有火灾危险性危险化学品的仓库，耐火等级、层数、面积及防火间距应符合 GB 50016 的要求。

可知该规范是以 GB 50016 为准。按照《建筑设计防火规范》(GB 50016—2014，2018 年版) 第 3.1.3 条，乙醇属于甲 1 项液体，又根据 GB 50016 第 3.3.2 条，甲 1 项仓库耐火等级可选择一、二级，视具体情况选择。

小结：乙醇储存的甲类仓库建议按照一级耐火等级设计。

问 94 储存非易燃易爆化学品的危险化学品仓库必须单独建造吗?

具体问题：储存非易燃易爆化学品的危险化学品（简称危化品）仓库，比如就储存酸碱等腐蚀化学品，仓库是否必须单独建造，贴临既有建筑物或者利旧既有建筑物屋内一个房间可不可以？相关依据和要求都是什么？

答：仓库不一定需要单独建造，需根据具体储存的腐蚀化学品确定，主要参考《建筑设计防火规范》(GB 50016—2014，2018 版) 第 3 章关于仓库设计要求；针对既有建筑利用的需要，需确定其是否有功能改变、火灾危险特性变更，需要消防验收和三同时手续。

相关防腐要求可参考《工业建筑防腐蚀设计标准》(GB/T 50046—2018)。

小结：储存非易燃易爆化学品的危化品仓库，不一定必须单独建造。可以利用既有的建筑物，但需要满足相关标准规定的安全防护措施。

问 95 实验室用的危险化学品有温度要求吗，是否需要存放于防爆冰箱内?

答：危险化学品的储存温度，需依据化学品安全技术说明进行考虑。通常低沸点易燃液体、有机过氧化物、自反应物质和混合物、自热物质和混合物储存时需考虑温度控制。建议企业结合物料危险特性，对于低闪点、易燃易爆化学品或易燃液体需低温储存的危险化学品应存放在防爆冰箱内。

参考 1 《化学化工实验室安全管理规范》(T/CCSAS 005—2019)

第 9.5.2 条　使用低闪点、易燃易爆化学品的实验室应配备防爆冰箱。

第 9.5.3 条　设计专用于储存易燃液体或易燃气体的房间或区域，除非经过特殊的评估或论证，否则至少应按照气体危险区域 2 区的要求进行防爆电器选型及安装。

参考 2 《工业企业实验室危险化学品安全管理规范》(DB23/T 2824—2021)

第 9.3 条　实验室危险化学品存放应符合以下要求:

a）爆炸性化学品需单独存放在专用储存柜中;

b）需要低温储存的易燃易爆化学品应存放在专用防爆型冰箱内;

c）腐蚀性化学品宜单独放在耐腐蚀材料制成的储存柜或容器中;

d）其他危险化学品应存放在专用的通风型储存柜内，对通风柜到排风口的整个系统进行定期检查和维护。

参考 3 《深圳市使用危险化学品实验室安全管理规范指引(试行版)》(第 4 部分：工业企业)

6.1.5　有下列情况的，应根据危险化学品特性和风险，采取相应安全防范措施:

(1）易燃液体需低温储存时应存放在防爆型冰箱内。

参考 4 《实验室危险化学品安全管理规范　第 1 部分：工业企业》(DB11/T 1191.1—2018)

第 7.1.1 条　需要低温储存的易燃易爆化学品应存放在专用防爆型冰箱内。

小结：根据储存危险化学品的理化特性，依据相关标准来确定是否需要防爆冰箱。

问 96 《建筑设计防火规范》中将次氯酸钠仓库火灾危险性定义为乙类，如何理解？低浓度的次氯酸钠液体是乙类吗？

答：次氯酸钠有固体，固体的火灾危险性分类应按照现行国家标准《建筑设计防火规范》（GB 50016—2014）的有关规定确定。按照表3.1.1，次氯酸钠为不属于甲类的氧化剂，因此火灾危险性定义为乙类。

参考《建筑设计防火规范》（GB 50016—2014，2018年版）

3.1.1　生产的火灾危险性应根据生产中使用或产生的物质性质及其数量等因素划分，可分为甲、乙、丙、丁、戊类，并应符合表3.1.1的规定。

条文说明：3.1.1　本条规定了生产的火灾危险性分类原则。

（4）火灾危险性分类中应注意的几个问题：

3）乙类火灾危险性的生产特性。“乙类”第1项和第2项参见前述说明。“乙类”第3项中所指的不属于甲类的氧化剂是二级氧化剂，即非强氧化剂。特性是：比甲类第5项的性质稳定生产过程中的物质遇热、还原剂、酸、碱等也能分解产生高热，遇其他氧化剂也能分解发生燃烧甚至爆炸，如过二硫酸钠、高碘酸、重铬酸钠、过醋酸等的生产。

低浓度的次氯酸钠液体根据《危险化学品分类信息表》规定其危险性类别为皮肤腐蚀/刺激，类别1B，故纳入戊类。

小结：次氯酸钠存在固体形式，其火灾危险性定义为乙类。低浓度的次氯酸钠液体危险性定义为戊类。

问 97 危险废物（有废机油、化验室检测废液、废油漆等）仓库内放置的电脑需要防爆吗？

答：常温常压下非易爆、易燃物品的危险废物仓库，电脑等电气设备不需要防爆；否则，需要防爆。

参考1《危险废物储存污染控制标准》（GB 18597—2023）

4.9　在常温常压下易爆、易燃及排出有毒气体的危险废物应进行预处理，使之稳定后储存，否则应按易爆、易燃危险品储存。

参考2 《危险化学品仓库储存通则》(GB 15603—2022)

11.3.2 进入储存爆炸物及其他对静电，火花敏感的危险化学品仓库时；应穿防静电工作服；不应穿钉鞋；应在进入仓库前消除人体静电，应使用具备防爆功能的通信工具；不应使用易产生静电和火花的作业机具。

小结：危废库房内不存在构成爆炸性气体环境可能的，不需要使用防爆工机具和办公器材。

问98 如何根据危险化学品的特性选择通风方式?

答：选择危险化学品仓库的通风方式时，需充分考虑化学品的特性，具体可参考以下要点：

1. 挥发性：对于挥发性强的危险化学品，如易挥发的有机溶剂，机械通风通常更为适合。因为机械通风能够提供更强大、稳定的通风力量，快速排出挥发的有害气体，确保仓库内的空气质量始终处于安全范围。

2. 毒性：毒性较高的危险化学品，应优先选择机械通风。这样在发生泄漏等意外情况时，能迅速有效地排出有毒气体，降低人员中毒的风险。

3. 化学反应性：若化学品容易与空气中的成分发生化学反应，且反应产物具有危险，需要根据反应条件来选择通风方式。例如，若反应需要特定的湿度或氧气浓度条件，就需要精准控制通风参数，机械通风可能更便于实现这种精准控制。

4. 易燃易爆性：对于易燃易爆的危险化学品，通风方式的选择要特别谨慎。在保证良好通风以降低易燃易爆气体浓度的同时，要确保通风设备符合防爆要求。在这种情况下，可能会综合使用自然通风和防爆型机械通风。

5. 稳定性：对于性质较为稳定、挥发和毒性都较低的化学品，自然通风可能足以满足通风需求，可在一定程度上降低成本。

6. 存储量：存储量大的危险化学品，由于可能产生较多的挥发气体，更倾向于采用机械通风，以应对较大的通风需求。

小结：在选择通风方式时，需要综合考虑危险化学品的多种特性以及存储条件、成本等因素，必要时咨询专业的安全工程师或相关专家，以确保通风方式的选择能够保障危险化学品仓库的安全。

问 99 实验室或化验室里能否储存甲乙类危险品吗？量是多少？

答： 可以储存，有量的限制。

参考 1 《科研建筑设计标准》（JGJ 91—2019）

5.2.3 条文说明　关于量的控制，参考国际上的相关规范和标准，建议在科研建筑内的危险化学品控制不超过 10d 的实验用量，同时建议易燃可燃液体不超过 4L、易燃气体不超过 $2.2m^3$。超过上述的量，应考虑设置防护单元与其他区域安全隔离。

国内更详细的关于危险化学品在建筑物内定量的规范和标准正在研究和制定过程中，设计时除遵守本条提及的规范和参照上述要求外，也可参考美国国家标准和 NFPA 的行业标准（如《NFPA45：化学药品实验室的防火保护》）等。

参考 2 《实验室危险化学品安全管理规范 第 1 部分：工业企业》（DB11/T 1191.1—2018）、《实验室危险化学品安全管理规范 第 2 部分：普通高等学校》（DB11/T 1191.2—2018）、《化学品理化及其危险性检测实验室安全要求》（GB/T 24777—2009）、《检验检测实验室技术要求验收规范》（GB/T 37140—2018）、《石油地质实验室安全规程》（SY/T 6014—2019）等标准，部分条款截取如下：

7.2　储存限量

7.2.1　每间实验室内存放的除压缩气体和液化气体外的危险化学品总量不应超过 100L 或 100kg，其中易燃易爆性化学品的存放总量不应超过 50L 或 50kg，且单一包装容器不应大于 25L 或 25kg。

7.2.2　每间实验室内存放的氧气和易燃气体不宜超过一瓶或两天的用量。其他气瓶的存放，应控制在最小需求量。

7.2.3　实验台上易燃液体存放量不应超过一天操作所需数量，剩余化学品应放回适当的储存区。实验室内的危险化学品存放总量超过 7.2.1 或 7.2.2 规定的，应在实验室外设符合 DB11/T 7.2. 41322.2 要求的专用储存室、气瓶间或专用仓库。

9.5　实验室内危险化学品存放限量要求如下：

每间实验室内存放的除压缩气体和液化气体外的危险化学品总量不应超过100L（kg），其中易燃易爆性化学品的存放总量不应超过50L（kg）且单一包装容器不应大于25L（kg）；每间实验室内存放的氧气和可燃气体各不宜超过一瓶或两天的用量；实验室内与仪器设备配套使用的气体钢瓶，应控制在最小需求量；备用气瓶、空瓶不应存放在C实验室内。

小结： 实验室或化验室里可以储存甲乙类危险品，但有储存量的限制。具体限值多少，需参考相关的建筑设计标准和地方法规、标准。

问100 危险化学品仓库的照明是否需要防爆开关，开关是否必须设置在室外？

答： 危险化学品仓库的照明开关是否采用防爆开关，主要取决于危险化学品仓库是否存在爆炸危险环境；若危险化学品仓库存在爆炸危险环境，必须采用防爆开关；若危险化学品仓库不存在爆炸危险环境，则不需要防爆开关。

依据《电气装置安装工程爆炸和火灾危险环境电气装置施工及验收规范》（GB 50257—2014）

5.2.1　电缆线路在爆炸危险环境内，必须在相应的防爆接线盒或分线盒内连接或分路。

5.2.3.5　电缆与电气设备连接时，应选用与电缆外径相适应的引入装置，当选用的电气设备的引入装置与电缆的外径不匹配时，应采用过渡接线方式，电缆与过渡线应在相应的防爆接线盒内连接。

5.3.8　电气设备、接线盒和端子箱上多余的孔，应采用丝堵堵塞严密。当孔内垫有弹性密封圈时，弹性密封圈的外侧应设钢质封堵件，钢质封堵件应经压盘或螺母压紧。因此，危险化学品仓库若处于爆炸危险环境时，其所有配电设施均应采用防爆设备，包括照明开关必须设置防爆开关。

开关设置在门外，依据《建筑设计防火规范》（GB 50016—2014，2018年版）第10.2.5条：配电箱及开关应设置在仓库外。

参考1 《仓储场所消防安全管理通则》（XF 1131—2014）

8.5　仓储场所的每个库房应在库房外单独安装电气开关箱，保管人员离库时，应切断场所的非必要电源。

参考2 《危险化学品经营企业安全技术基本要求》(GB 18265—2019)

4.2.1　危险化学品仓库建设应按GB 50016平面布置、建筑构造、耐火等级、安全疏散、消防设施、电气、通风等规定执行。

5.3.3　备货库房照明设施、电气设备的配电箱及电气开关应设置在库外，并应可靠接地，安装过压、过载、触电、漏电保护设施，采取防雨、防潮保护措施。

小结：危险化学品仓库的照明开关是否采用防爆开关，主要取决于危险化学品仓库是否存在爆炸危险环境。

HEALTH SAFETY
ENVIRONMENT

第七章

装卸运输基础管理

重点聚焦装卸设施选型、操作流程、车辆运输等基础管理，规范操作细节，确保全程安全无虞。

——华安

问101 煤焦油采用通向距离罐底200mm鹤管的算不算液下装车?

答: 属于液下装车。在安监总厅管三〔2015〕80号的附件《危险化学品分类信息表》中，煤焦油的危险性类别划分为易燃液体，类别2，所以煤焦油为易燃液体，需采用液下装车。

装车时距槽（罐）底200mm的要求其目的是防静电，可根据《石油化工企业设计防火标准》(GB 50160—2008，2018年版)、《石油化工液体物料铁路装卸车设施设计规范》(GB/T 51246—2017)、《防止静电事故通用导则》(GB 12158—2006）等标准规范。具体如下:

参考1 《石油化工企业设计防火标准》(GB 50160—2008，2018年版)

6.4.1 可燃液体的铁路装卸设施应符合下列规定:

3 顶部敞口装车的甲$_B$、乙、丙$_A$类的液体应采用液下装车鹤管;

第3款：本款为强制性条文，必须严格执行。

6.4.2 可燃液体的汽车装卸站应符合下列规定:

6 甲$_B$、乙、丙$_A$类液体的装车应采用液下装车鹤管;

第6款：本款为强制性条文，必须严格执行。

参考2 《石油化工液体物料铁路装卸车设施设计规范》(GB/T 51246—2017)

6.3.4 浸没式鹤管垂管端口与罐车底的距离不宜大于200mm。

参考3 《液体装卸臂工程技术要求》(HG/T 21608—2012)

5.2.10 对于甲$_B$、乙$_A$类液体介质，应采用带回气管线的顶部密封帽（盖）式密闭液下装车，垂管末端应采用分流口形式，同时应在充装前将垂管深入槽罐底部。

5.2.12 乙$_B$、丙$_A$类液体介质应采用液下装车，垂管末端应采用分流口形式。

7.4.18 可燃、易产生静电积聚液体介质，严禁顶部喷溅装车，液体装卸臂应插入槽车底部，距槽底约200mm。开始装车时，一定要低速、缓慢输送物料，待液体浸没垂管口后，方可正常速度灌装。垂管应采用分流帽出口。

参考 4 《防止静电事故通用导则》(GB 12158—2006)

6.3.3　对罐车等大型容器灌装烃类液体时，宜从底部进油。若不得已采用顶部进油时，则其注油管宜伸入罐内离罐底不大于 200mm。在注油管未浸入液面前，其流速应限制在 1m/s 以内。这一规定主要是基于液体物料的性质、流速以及鹤管的设计等因素考虑。在装卸过程中，鹤管需要深入到罐车内一定深度，以确保液体物料能够顺利、安全地装卸，并避免液体物料在装卸过程中发生静电、溅出、泄漏等安全风险。

煤焦油采用通向罐底 0.2m 鹤管的装车方式，主要有以下几个原因：一是减少挥发和飞溅：将鹤管通向罐底，煤焦油在流入储罐时，大部分会直接进入液体中，与空气的接触面积大大减少，从而降低了煤焦油的挥发性和飞溅的可能性。这不仅有助于减少环境污染，还能提高作业的安全性。二是提高装载效率：液下装车方式可以确保煤焦油更快速、更稳定地进入罐体，减少了因液体飞溅和挥发导致的损失，从而提高了装载效率。三是减少静电风险：煤焦油是易燃物质，静电火花可能引发火灾或爆炸。液下装车方式可以减少煤焦油与空气的摩擦，从而降低静电的产生，进一步确保装载过程的安全性。四是适应大规模运输需求：对于大规模的煤焦油运输，液下装车方式可以确保快速、连续、稳定地装载，满足大规模运输的需求。

综上所述，在煤焦油装车时，如果鹤管通向距离罐底 0.2m 的位置，这确实可以被视为一种液下装车的方式。因为鹤管的出口接近罐底，液体在流入罐内时大部分会直接进入液体中，减少了与空气的接触，从而降低了挥发和飞溅的可能性。

小结：煤焦油装车只要鹤管插入到罐车底部，距离罐底 200mm 左右，都属于液下装车。

问 102　可燃液体装卸车现场如何设置防流散设施？

答：首先，可燃液体装卸车现场应设置有效的防流散设施，如防溢堤、集液槽、挡板等，这些设施在液体泄漏或溢出时能够及时收集并防止液体扩散。这些设施的设计和安装需考虑液体的性质、装卸车的操作方式以及现场环境等因素。具体参考如下：

参考1 根据《石油化工企业设计防火标准》(GB 50160—2008，2018 年版)

4.1.5 石油化工企业应采取防止泄漏的可燃液体和受污染的消防水排出厂外的措施。

4.1.7 当区域排洪沟通过厂区时:

1. 不宜通过生产区;

2. 应采取防止泄漏的可燃液体和受污染的消防水流入区域排洪沟的措施。

6.4.2 可燃液体的汽车装卸站应符合下列规定:

2 装卸车场应采用现浇混凝土地面。

7.2.4 可燃气体、液化烃、可燃液体的管道应架空或沿地敷设。必须采用管沟敷设时，应采取防止可燃液体在管沟内积聚的措施，并在进、出装置及厂房处密封隔断；管沟内的污水应经水封井排入生产污水管道。

7.3 含可燃液体的生产污水管道:

7.3.1 含可燃液体的污水及被严重污染的雨水应排入生产污水管道。

7.3.2 生产污水排放应采用暗管或覆土厚度不小于 200mm 的暗沟。设施内部若必须采用明沟排水时，应分段设置，每段长度不宜超过 30m，相邻两段之间的距离不宜小于 2m。

7.3.3 生产污水管道的下列部位应设水封，水封高度不得小于 250mm:

2. 工艺装置、罐组或其他设施及建筑物、构筑物、管沟等的排水出口;

3. 全厂性的支干管与干管交汇处的支干管上;

4. 全厂性支干管、干管的管段长度超过 300m 时，应用水封井隔开。

参考2 《石油库设计规范》(GB 50074—2014)

8.2.2 汽车灌装棚的建筑设计，应符合下列规定:

1 灌装棚应为单层建筑，并宜采用通过式。

4 灌装棚内的灌装通道宽度，应满足灌装作业要求，其地面应高于周围地面。

13.4.3 在防火堤外有易燃和可燃液体管道的地方，地面应就近坡向雨水收集系统。当雨水收集系统干道采用暗管时，暗管宜采用金属管道。

13.4.4 雨水暗管或雨水沟支线进入雨水主管或主沟处，应设水封井。

因此，为了确保可燃液体装卸车现场的安全，应严格遵循相关规范和标准，合理设计和安装防流散设施，并定期进行检查和维护。通过这些措施，可以有效地防止液体泄漏和扩散，降低安全风险。

小结： 可燃液体装卸车的防流散既要满足车辆通行的要求，又要满足防止液体流散的要求。

问 103 甲类物质槽车卸入储罐需要鹤管吗？

答： 液氯、液氨、液化石油气、液化天然气明文规定使用鹤管，而甲$_B$、乙、丙$_A$类液体的装车应采用液下装车鹤管，卸车不用。

参考 1 《国务院安委会办公室关于进一步加强危险化学品安全生产工作的指导意见》（安委办〔2008〕26 号）

16. 积极推动安全生产科技进步工作。鼓励和支持科研机构、大专院校和有关企业开发化工安全生产技术和危险化学品储存、运输、使用安全技术。在危险化学品槽车充装环节，推广使用万向充装管道系统代替充装软管，禁止使用软管充装液氯、液氨、液化石油气、液化天然气等液化危险化学品。

参考 2 关于危险化学品企业贯彻落实《国务院关于进一步加强企业安全生产工作的通知》的实施意见（安监总管三〔2010〕186 号）

在危险化学品槽车充装环节，推广使用金属万向管道充装系统代替充装软管，禁止使用软管充装液氯、液氨、液化石油气、液化天然气等液化危险化学品。

参考 3 《石油化工企业设计防火标准》（GB 50160—2008，2018 年版）

6.4.2　可燃液体的汽车装卸站应符合下列规定：

6. 甲 B、乙、丙 A 类液体的装车应采用液下装车鹤管。

因此，甲类物质槽车卸入储罐时，不需要使用鹤管。根据《石油化工企业设计防火标准》（GB 50160—2008，2018 年版）的相关规定，甲$_B$、乙、丙$_A$类液体的装车应采用液下装车鹤管，但卸车时并没有明确要求使用鹤管。此外，《国务院安委会办公室关于进一步加强危险化学品安全生产工作的指导意见》和《关于危险化学品企业贯彻落实〈国务院关于进一步加强企业安全生产工作的通知〉的实施意见》中均提到了在危险化学品槽车充装环节推广使用金属万向管道充装系统代替充装软管，并禁止使用软管充装液氯、液氨、液化石油气、液化天然气等危险化学品，但并未明确提及甲类物质槽车卸入储罐时需要使用鹤管。因此，可以得出结论，甲类物质槽车卸入储罐时不需要使用鹤管。

参考4 《石油化工物料汽车装卸设施设计标准》（SH/T 3221—2023）

6.3.1 装卸鹤管的选用应根据装卸方式、物料类别和性质等确定。

b）液化烃、液氨、液氢、液态二氧化碳、液氯和二氧化硫等毒性程度为极度和高度危害的液化气体物料不得采用软管装卸车，应采用万向管道型装卸鹤管。

小结： 液氯、液氨、液化石油气、液化天然气明文规定使用装卸鹤管，而甲 B、乙、丙 A 类液体的装车应采用液下装车鹤管，卸车不用。

问 104 液氧能用软管卸车吗?

答： 可以使用，但接触液氧等氧化性介质的装卸用管的内表面需要进行脱脂处理和防止油脂污染措施。

参考 《移动式压力容器安全技术监察规程》（TSGR 0005—2011）

6.3 装卸用管应当符合以下要求:

（1）装卸用管与移动式压力容器的连接应当可靠;

（2）有防止装卸用管拉脱的安全保护措施;

（3）所选用装卸用管的材料与充装介质相容，接触液氧等氧化性介质的装卸用管的内表面需要进行脱脂处理和防止油脂污染措施;

（4）冷冻液化气体介质的装卸用管材料能够满意低温性能要求;

（5）装卸高（低）压液化气体、冷冻液化气体和液体的装卸用管的公称压力不得小于装卸系统工作压力的 2 倍，装卸压缩气体的装卸用管公称压力不得小于装卸系统工作压力的 1.3 倍；装卸用管的最小爆破压力大于 4 倍的公称压力；装卸用管制造单位需注明软管的设计运用寿命;

因此，液氧可以使用软管进行卸车。

小结： 液氧可以使用软管卸车，但接触液氧的装卸用管的内表面需要进行脱脂处理。

问 105 各类装卸鹤管可参考哪些资料？

答： 装卸鹤管请参考以下资料：

参考 1 《液体装卸臂工程技术要求》（HG/T 21608—2012）

3　液体装卸臂的型式

3.1　液体装卸臂分类

3.2　基本参数

3.3　结构型式

4　液体装卸臂的技术要求

4.1　液体装卸臂标注方法及示例

4.2　陆用液体装卸臂技术要求

4.3　船用液体装卸臂技术要求

参考 2 《手动液体装卸臂通用技术条件》（HG/T 2040—2007）

第 5 条　技术要求

小结： 目前装卸鹤管的主要参考规范是《液体装卸臂工程技术要求》（HG/T 21608—2012）。

问 106 液氯、液氨、液化烃等装卸车鹤管有没有规范要求需要设置拉断阀？

答： 原国家安监总局办公厅《关于督促整改安全隐患问题的函》（安监总厅管三函〔2018〕27 号）中提出，×× 公司存在：液氨万向充装鹤管未设置紧急拉断阀的安全隐患。相关依据如下：

参考 1 《特种设备生产和充装单位许可规则》（TSG 07—2019）

C 3.4.2　专用的充装台（线）和充装装置的配置

（1）装卸用管应当符合相关标准的技术及安全要求；

（2）装卸用管与移动式压力容器有可靠的连接方式：

（3）具有防止装卸用管拉脱的联锁保护装置或者措施；

（4）所选用装卸用管的材料应当与充装介质相容；

（5）充装冷冻液化气体的装卸用管以及紧固件的材料，应当能够满足低温性能要求，禁止使用软管充装液氯、液氨、液化石油气、液化天然气等液化危险化学品；

（6）易燃、易爆、有毒介质的充装系统，应当具有处理充装前置换介质的措施及充装后密闭回收介质的设施，并且符合有关规范及相关标准的要求。

参考2 《汽车加油加气加氢站技术标准》（GB 50156—2021）

7.5.1 连接LPG槽车的液相管道和气相管道上应设置安全拉断阀。

小结： 液氯、液氨、液化烃等装卸车鹤管应设置拉断阀。

问107 基准面高于2m的槽罐车顶部作业，也需要按照GB 30871—2022来办证吗？

答： 不需要逐一办证，但需要落实安全措施。

1. 参考《危险化学品企业特殊作业安全规范》（GB 30871—2022）

3.8 高处作业

在距坠落基准面2m及2m以上有可能坠落的高处进行的作业。

注：坠落基准面是指坠落处最低点的水平面。

所以问题图片中基准面高于2m的槽罐车顶部作业，属于特殊作业。如设置了专用操作平台，可不视为高处作业。

2. 槽车装卸车作业属常态化操作，而且火车槽车装卸车都有操作栈桥。建议在槽罐车停车区上方专门增设高处作业生命线系统，企业对应安全措施在编制操作规程或操作卡时，编制相应安全操作内容。

小结： 在基准面高于 2m 的槽罐车顶部作业，属于特殊作业。如果设置了专用操作平台，可不视为高处作业。

问 108　SDS 必须发一车跟一车么？

答： SDS 必须跟运输车辆同行。

参考 1　《危险化学品安全管理条例》（国务院令第 591 号，2013 年修正）

第六十三条　托运危险化学品的，托运人应当向承运人说明所托运的危险化学品的种类、数量、危险特性以及发生危险情况的应急处置措施，并按照国家有关规定对所托运的危险化学品妥善包装，在外包装上设置相应的标志。运输危险化学品需要添加抑制剂或者稳定剂的，托运人应当添加，并将有关情况告知承运人。

参考 2　关于修改《道路危险货物运输管理规定》的决定（交通运输部令 2023 年第 13 号）

第二十八条　危险货物托运人应当严格按照国家有关规定妥善包装并在外包装设置标志，并向承运人说明危险货物的品名、数量、危害、应急措施等情况。需要添加抑制剂或者稳定剂的，托运人应当按照规定添加，并告知承运人相关注意事项。危险货物托运人托运危险化学品的，还应当提交与托运的危险化学品完全一致的安全技术说明书和安全标签。

小结： 危险化学品的 SDS 必须跟运输车辆同行。

问 109 危险货物的包装分类指什么？叔丁醇钠需采用哪类包装？

答： 危险货物包装根据其内装物的危险程度划分为三种包装类别：

Ⅰ类包装：盛装具有较大危险性的货物；

Ⅱ类包装：盛装具有中等危险性的货物；

Ⅲ类包装：盛装具有较小危险性的货物。

参考1 《危险货物品名表》（GB 12268—2012）

叔丁醇钠的UN号为3206（序号为2000），属于碱土金属醇化物，自热性，腐蚀性，未另作规定的危险货物。

参考2 《危险货物运输包装类别划分方法》（GB/T 15098—2008）

4.3.2　4.2项　易于自燃的物质

a）GB 12268中备注栏CN号为42001～42500：Ⅰ类包装；

b）GB 12268中备注栏CN号为42501～42999：Ⅱ类包装；

c）GB 12268中备注栏CN号为42501～42999中的含油、含水纤维或碎屑类物质：Ⅲ类包装；

d）自热物质危险性大的须采用Ⅱ类包装。

符合d），因此叔丁醇钠应采用Ⅱ类包装。

小结： 每种危险货物的危险特性是不一样的，故其对应的包装也应分为相应的包装等级分类。目的就是控制危险货物的运输和存储风险。

问 110 关于汽车罐车化学品装卸有标准规范吗？

答： 关于汽车罐车化学品装卸方面的标准规范，可参照《石油化工物料汽车装卸设施设计标准》（SH/T 3221—2023）、《石油化工企业设计防火标准》（GB 50160—2008，2018年版）6.4可燃液体、液化烃的装卸设施、《散装液体化学品罐式车辆装卸安全作业规范》（T/CFLP 0026—2020）、《汽车运输、装卸危险货物安全规程》（QSH 1020-2064—2010）等。

问 111 液化天然气卸车用鹤管还是金属软管？

答： 鹤管。依据如下：

参考1 国务院安委会办公室《关于进一步加强危险化学品安全生产工作的指导意见》（安委办〔2008〕26号）要求，在危险化学品充装环节，推广使用金属万向管道充装系统代替充装软管，禁止使用软管充装液氯、液氨、液化石油气、液化天然气等液化危险化学品。

参考2 《石油化工企业设计防火标准》（GB 50160—2008，2018年版）对液化烃、可燃液体的装卸要求较高，规范第6.4.2条第六款以强制性条文要求“甲B、乙、丙A类液体的装卸车应采用液下装卸车鹤管”，2. 低温液化烃装卸鹤位应单独设置。

参考3 《石油化工物料汽车装卸设施设计标准》（SH/T 3221—2023）

6.3.1　装卸鹤管的选用应根据装卸方式、物料类别和性质等确定。

b）液化烃、液氨、液氢、液态二氧化碳、液氯和二氧化硫等毒性程度为极度和高度危害的液化气体物料不得采用软管装卸车，应采用万向管道型装卸鹤管。

小结： 液化天然气卸车用鹤管。

问112　汽车装卸站与其他建构筑物的防火间距是以鹤管为起止点吗？

具体问题： 汽车装卸站与其他建构筑物的防火间距是以装卸站哪里作为起止点，是以鹤管吗？但是后面的起止点说的是鹤位以鹤管中心，但是没说装卸站就是以鹤管为定位点吧，其实鹤位大部分都是装卸站内部间距的时候使用的，说明是属于内部的。

答： 以建筑物与相邻最近的鹤管为起止点。

小结： 汽车装卸站与其他建构筑物的防火间距是以装卸站与建筑物相邻最近的鹤管为起止点。

问113　甲类地埋式液体储罐的装卸泵房可以采用半地下室吗？地埋式储罐距离卸车泵房和鹤管的距离是多少？

答：《建筑设计防火规范》（GB 50016—2014，2018年版）

3.3.4 甲乙类生产场所不能有地下或半地下。

4.2.7 甲、乙、丙类液体储罐与其泵房、装卸鹤管的防火间距不应小于表4.2.7规定。（甲、乙类液体储罐：拱顶罐与泵房15m，拱顶罐与铁路或汽车装卸鹤管20m；浮顶罐与泵房12m，浮顶罐与铁路或汽车装卸鹤管15m），（丙类液体储罐与泵房10m，丙类液体储罐与铁路或汽车装卸鹤管12m）。

注1：总容量不大于1000m³的甲、乙类液体储罐和总容量不大于5000m³的丙类液体储罐，其防火间距可按本表的规定减少25%。

2：泵房、装卸鹤管与储罐防火堤外侧基脚线的距离不应小于5m。

小结： 甲类地埋式液体储罐的装卸泵房不可以采用半地下室。

问114 禁配物能否同车运输？

答： 禁配物相接触后，会发生反应或者发生火灾时的灭火方式不同，增加了危险性，不能同车运输。

参考 《危险货物道路运输规则 第6部分：装卸条件及作用要求》（JT/T 617.6—2018）

6.1.7 充装和交付运输前，应检查和清理每一个散装容器、集装箱或车辆以确保无下列情形的残留物：

a）可能与即将运输的物质发生危险的化学反应；

b）对散装容器、集装箱或车辆的结构完整性产生不利影响；

c）影响散装容器、集装箱或车辆对危险货物的适装性。

6.1.12 如果危险货物与其他货物容易发生下列危险反应，两者不能混装：

a）燃烧或释放大量热；

b）释放易燃或有毒气体；

c）生成腐蚀性液体；

d）生成不稳定物质。

8.2.1 除表1允许进行混合装载之外，标有不同危险性标志的包件不应装载在同一车辆或集装箱中。

8.2.2 带有1、1.4、1.5或1.6标志的包件，在同一车辆或集装箱中混合装载时，应符合表2的规定。

表 1　危险货物道路运输混合装载通用要求

标志	1	1.4	1.5	1.6	2.1 2.2 2.3	3	4.1	4.1+1	4.2	4.3	5.1	5.2	5.2+1	6.1	6.2	8	9
1	见 8.2.2 的要求																b
1.4					a	a	a		a	a	a	a		a	a	a	a b
1.5																	b
1.6																	b
2.1 2.2 2.3		a			X	X	X		X	X	X	X		X	X	X	X
3		A			X	X	X		X	X	X	X		X	X	X	X
4.1		A			X	X	X		X	X	X	X		X	X	X	X
4.1+1								X									
4.2		A			X	X	X		X	X	X	X		X	X	X	X
4.3		A			X	X	X		X	X	X	X		X	X	X	X
5.1		A			X	X	X		X	X	X	X		X	X	X	X
5.2		A			X	X	X		X	X	X	X	X	X	X	X	X
5.2+1												X	X				
6.1		A			X	X	X		X	X	X	X		X	X	X	X
6.2		A			X	X	X		X	X	X	X		X	X	X	X
8		A			X	X	X		X	X	X	X		X	X	X	X
9	b	a、b	b	b	X	X	X		X	X	X	X		X	X	X	X

注: X——表示原则上可以混合装载; 具体货物能否混合装载, 参见其安全技术说明书。

a——允许与 1.4S 物质或货物混合装载。

b——允许第 1 类货物和第 9 类的救生设施混合装载 (UN2990、UN3072 和 UN3268)。

4.1+1——表示具有第 1 类爆炸品次要危险性的 4.1 项物质。

5.2+1——表示具有第 1 类爆炸品次要危险性的 5.2 项物质。

表2 含第1类物质或物品不同配装组的包件混合装载要求

配装组	A	B	C	D	E	F	G	H	J	L	N	S
A	X											
B		X		A								X
C			X	X	X		X				b、c	X
D		a	X	X	X		X				b、c	X
E			X	X	X		X				b、c	X
F						X						X
G			X	X	X		X					X
H								X				X
J									X			X
L										d		
N			b、c	b、c	b、c						b	X
S		X	X	X	X	X	X	X	X		X	X

注: X——允许混合装载。

a——含有第1类物品的配装组B和含有第1类物质和物品的配装组D的包件，如果经具有专业资质的第三方机构认可的内部使用单独隔舱或者将其中一个配装组放入特定的容器系统从而有效防止配装组B爆炸危险性传递给配装组D，可以装载在同一个车辆或集装箱中。

b——不同类型的1.6项N配装组物品只有通过实验或类推证实物品间不存在附加的殉爆风险时，可以按1.6项N配装组一起运输，否则应被认定具有1.1项的风险。

c——配装组N的物品和配装组C、D、E的物质或物品一起运输时，配装组N的物品应被认为具有配装组D的特征。

d——含配装组L的物质和物品的不同类型的包件可以在同一车辆或集装箱内混合装载。

8.2.3 带有有限数量标志的包件，禁止与其他含有爆炸物质或物品的货物混合装载。

注：在原规范JT/T 617—2004中9.3 运输不同性质危险货物，其配装应按“危险货物配装表”（附录D）规定的要求执行。

小结：禁配物不能同车运输。

问115 槽车要静置多长时间才可以装卸车？

答：5分钟，相关参考如下：

参考1 《液体石油产品静电安全规程》(GB 13348—2009)

4.2.6　装油完毕，宜静置不少于2min，再进行采样、测温、检尺、拆除接地线等操作。

参考2 《加油站作业安全规范》(AQ 3010—2022)

5.2.6　应在油罐车静置进行静电释放5min后，方可进行计量、取样和卸油等相关作业。

小结：槽车至少静置5min才可以装卸车。

问116　小型LNG气化站卸车检查时有什么注意事项？

答：小型LNG气化站卸车应注意的问题有以下几点：

参考1 《低温液化气体安全指南》(GB/T 35528—2017)

第6.2.10条　空温换热型汽化器下方不能堆放异物，其换热面积应满足最大排液汽化量的需要，以确保其底部或上方不发生严重积冰，即结冰面不能超过汽化器面积的2/3。

参考2 《化工和危险化学品生产经营单位重大生产安全事故隐患判定标准（试行）》(安监总管三〔2017〕121号)

依据有关法律法规、部门规章和国家标准，以下情形应当判定为重大事故隐患：

七、液化烃、液氨、液氯等易燃易爆、有毒有害液化气体的充装未使用万向管道充装系统，判定为重大生产安全事故隐患。

液化烃、液氨、液氯等易燃易爆、有毒有害液化气体充装安全风险高，一旦泄漏容易引发爆炸燃烧、人员中毒等事故。万向管道充装系统旋转灵活、密封可靠性高、静电危害小、使用寿命长，安全性能远高于金属软管，且操作使用方便，能有效降低液化烃、液氨、液氯等易燃易爆、有毒有害液化气体充装环节的安全风险。

参考3 国务院安委会办公室《关于进一步加强危险化学品安全生产工作的指导意见》(安委办〔2008〕26号)和国家安全监管总局、工业和信息化部《关于危险化学品企业贯彻落实〈国务院关于进一步加强企业安全生产工作的通知〉的实施意见》(安监总管三〔2010〕186号)均要求，在危险化学品充装环节，推广使用金属万向管道充装系统代替充装软管，禁止使用软管充装液氯、液氨、液化石油气、液化天然气等液化危险化学品。

参考4 《石油化工企业设计防火规范》（GB 50160—2008，2018年版）

对液化烃、可燃液体的装卸要求较高，规范第6.4.2条第六款以强制性条文要求“甲B、乙、丙A类液体的装卸车应采用液下装卸车鹤管”，第6.4.3条规定“1. 液化烃（即甲A类易燃液体）严禁就地排放；2. 低温液化烃装卸鹤位应单独设置”。

参考5 液化天然气符合液化烃自然定义，相关标准中也明确包含液化天然气。

a）液化烃本身是个烃分类的名词，其定义为“在15℃时，蒸气压大于0.1 MPa的烃类液体及其他类似的液体”。这是基于理化特性对液化烃的自然定义。毫无疑问，LNG符合上述的自然定义，属于液化烃。

b）现行《天然气液化工厂设计标准》（GB 51261—2019）条文说明中“3.0.2（1）液化烃：液化天然气、液态制冷剂、火灾危险性为甲A类的辅助产品”，明确给出LNG属于液化烃的说明。

c）《石油化工企业设计防火标准》（GB 50160—2008）在2008年版中对液化烃的定义中明确指出液化烃不包括LNG，但在2018年版中又将“液化烃不包括LNG”这一内容删除，可见“液化烃不包括LNG”的说法是不妥的。

注：也有专家提出在工程实践中应将LNG和液化烃区分对待。

LNG从理化特性上来讲，完全符合液化烃的自然定义。但是从工程实践的角度来讲，标准规范是将LNG和液化烃分开管理的。并且LNG有一套自成体系的标准家族，基于这样一个客观事实，我们在选择LNG站场的平面布置和防火间距时，首先遵守的应当是LNG标准体系的要求，对位于陆上化工园区且独立的LNG场站而言，很明显依据《液化天然气（LNG）生产、储存和装运》（GB/T 20368—2021）更有权威性和专业性，无论是GB 50160—2008石化规范还是GB 50028—2006城镇燃气规范，都只能作为辅助性的参考规范。

参考6 《小型液化天然气气化站技术规范》（DB3204/T 1013—2020）

4.1 向小型LNG气化站供应LNG，可采用LNG运输车、LNG带泵罐车及LNG气瓶等方式；小型LNG气化站不应利用LNG运输车等移动式压力容器作为储存设施直接气化供气。

6.3.1　LNG 卸车口的进液管道、气相管道上应设置切断阀。

6.3.2　LNG 卸车软管应采用奥氏体不锈钢波纹软管或其他满足要求的软管，其设计温度不应高于 –196℃。

6.3.4　靠近卸车口液相软管前端应设拉断阀，拉断阀的设计压力、设计温度应与系统相匹配。

6.3.5　软管长度不应超过 6m。

6.4.2　LNG 气化器的液体进口管道上应设置紧急切断阀，该阀门宜与出口处的天然气测温装置连锁。

6.4.3　LNG 气化器或其出口管道上应设置封闭全启式安全阀。

小结： 小型 LNG 气化站卸车要保证各项安全措施到位，管道材质和型式选择正确，其他注意事项可参考上述标准。

问 117 液化烃槽车距离过滤器和储罐有间距要求吗？

答： 液化烃槽车距离过滤器和储罐的间距要求不小于 30s× 液体流速。

参考 1 《防静电推荐作法》(SY/T 6340—2010)

8.4.5.1.2　为防止 8.4.5.1.1 中电荷进入接收容器，过滤器应放置在接收容器上游足够远的地方，以使电荷量降到管内流动的正常水平。在工业实际中，特别是如果不知道液体的电导率，在管道中应有 30s 的滞留时间，或过滤器下游安装导电的软管。对于低电导率（小于 2pS/m）并且高黏度（大于 30cSt）的不导电液体，在最低的操作温度下，滞留时间应更长一些。在这些情况下，应按照滞留时间是液体弛豫时间的 3 倍来考虑。

参考 2 《防止静电、雷电和杂散电流引燃的措施》(SY/T 6319—2016)

4.6.2　过滤器和缓冲舱

4.6.2.1　概述

过滤后的液体进入可能存在可燃性混合物的容器应采取特殊的预防措施：

a）油孔或筛网大于 300pm，过滤器出口不需要特殊的缓冲。

b）油孔或筛网小于 150μm，在过滤器或筛网与放电位之间应保证至少 30s 的电荷释放时间。

c）油孔或筛网为150pm～300μm，在设备的风险评估结果的基础上才有可能进行安全操作，这就需要考虑诸如储运的材料、适当的安全操作程序等因素。无论孔眼大小，当压降过大时，应对过滤器和金属丝网筛清洗或替换。当过滤器或网筛被部分阻挡时，产生的电荷会增加。

d）过滤器出口应设置足够长且粗的管线，以保证在液体流出之前有30s的电荷释放时间（如图7和图8所示）。

e）将液体滞留在缓冲舱内30s或者降低液体的流动速度。

f）缓冲舱应满罐操作，以防止在可燃性气体空间中产生火花。

g）新设备设计标准推荐过滤后应至少有30s的电荷释放时间。

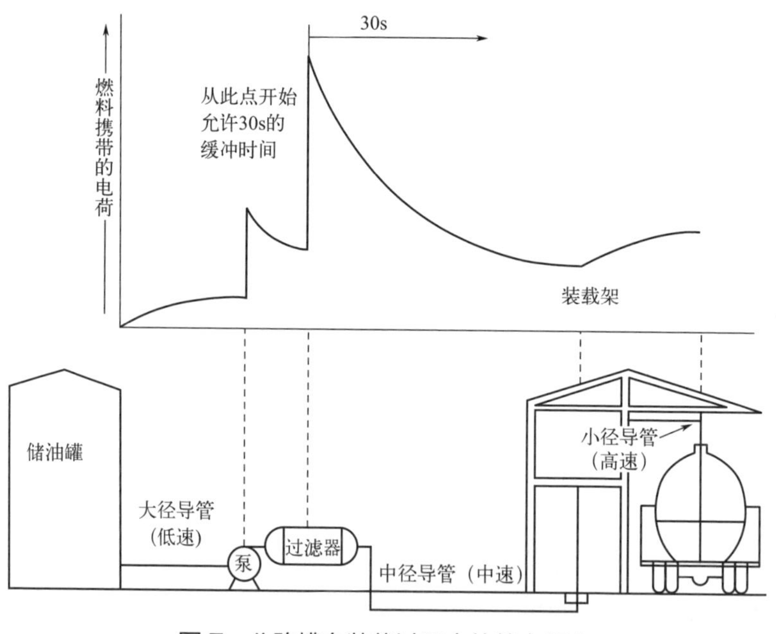

图7　公路槽车装载过程中的静电起电

小结： 液化烃槽车距离过滤器和储罐的间距要求不小于30s×液体流速。

问118 LNG槽车参照《压缩天然气供应站设计规范》（GB 51102—2016）可以固定使用吗?

答： 运送天然气的槽车属于移动式压力容器，到企业调压使用，不适用

《压缩天然气供应站设计规范》(GB 51102—2016)，应参照执行以下标准规范的规定，建议咨询当地政府有关部门。

参考1 《移动式压力容器安全技术监察规程》(TSGR 0005—2011)第1号修改单，5.10(5)修改为："除应急救援情况外，禁止移动式压力容器之间相互装卸作业，禁止移动式压力容器直接向气瓶进行充装。"

参考2 《移动式压力容器安全技术监察规程》(TSGR 0005—2011)第2号修改单，增加：5.17　临时作为固定式压力容器使用。

移动式压力容器临时作为固定式压力容器使用，应当满足以下要求：

(1) 在定期检验有效期内；

(2) 在满足消防防火间距等规定的区域内使用，并且有专人操作；

(3) 制定专门的操作规程和应急预案，配备必要的应急救援装备。

参考3 《移动式压力容器安全技术监察规程》(TSGR 0005—2011)第2号修改单，增加：7.5　改造为固定式压力容器。

移动式压力容器罐体改作固定式压力容器使用时，应当满足以下要求：

(1) 由具有固定式压力容器设计资质的设计单位出具设计文件；

(2) 由具有固定式压力容器制造资质的制造单位按照设计文件进行改造；

(3) 改造后的固定式压力容器应当满足安全使用要求；

(4) 改造施工过程应当经过具有相应资质的检验机构进行监督检验；

(5) 注销原移动式压力容器《使用登记证》，重新办理使用登记；

(6) 禁止使用期限到期后进行改造。

参考4 国家市场监督管理总局官网上，关于移动式压力容器的公众留言及官方回复如下：

留言1. 咨询移动式压力容器停放在工厂厂区直接与供气管道相连供气

留言日期：2019-09-08

目前辖区内发现一家使用单位将移动式压力容器停放在工厂厂区直接与供气管道相连供气，根据原国家质量监督检验总局〔2015〕质检特便字第3021号复函，第四条：除得到城市规划、消防、安监、环保等相关部门书面同意外，移动式压力容器不得停放到工厂或生活小区附近（非加气站、非储配站）与供气管道相连供气。目前使用单位未取得上述相关部门书面同意，请问应按照哪部法律哪条条款处理？

回复部门：特种设备安全监察局

时间：2019-09-12

移动式压力容器临时作为固定式压力容器使用，应满足《移动式压力容器安全技术监察规程》第 2 修改单第 5.17 条，所述问题建议向当地安委办汇报。

留言 2. 移动式压力容器有关问题

留言日期：2019-09-12

在日常检查中，监察人员发现一家气瓶充装单位（核准的充装范围内有液氧）内有一台移动式压力容器，储存介质为液氧，现场检查时该移动式压力容器正在向液氧气瓶进行充装，《移动式压力容器安全技术监察规程》5.10 规定“禁止移动式压力容器直接向用气设备进行充装”，监察人员当场下达了指令书，责令该单位立即停止移动式压力容器向气瓶充装，现在有几个问题向总局咨询：1. 气瓶是否属于《移动式压力容器安全技术监察规程》5.10 中“禁止移动式压力容器直接向用气设备进行充装”当中的“用气设备”？ 2. 对该充装单位的处理，依据是什么？

回复部门：特种设备安全监察局

时间：2019-09-20

《移动式压力容器安全技术监察规程》第 1 号修改单规定，禁止移动式压力容器向气瓶进行充装，处理依据是使用单位违反安全技术规范的要求。

留言 3. 咨询车用气瓶及移动式压力容器方面的问题

留言日期：2020-03-24

（1）《车用气瓶安全技术监察规程》第 1 号修改单是否已经实施？（2）涉及移动式压力容器的原质监总局〔2015〕质检特便字第 3021 号的复函从哪里能查询到具体内容？现在是否有效？

移动式压力容器安全技术监察规程第 2 号修改单 5.17 明确：移动式压力容器临时作为固定式压力容器使用，应当满足以下要求：

① 在定期检验有效期内；

② 在满足消防防火间距等规定的区域内使用，并且有专人操作；

③ 制定专门的操作规程和应急预案，配备必要的应急救援装备。请问“依据什么能满足消防防火间距等规定”？这项规定是否就不需要符合“原

质监总局〔2015〕质检特便字第3021号的复函”里第四条要求：除得到城市规划、消防、安监、环保等相关部门书面同意外，移动式压力容器不得停放到工厂或生活小区附近（非加气站、非储配站）与供气管道相连供气？谢谢！

回复部门：特种设备安全监察局

时间：2020-03-30

（1）未实施；（2）移动式压力容器临时作为固定式压力容器使用，应满足《移动式压力容器安全技术监察规程》第2修改单第5.17条，所述问题建议向当地安委办汇报。

留言4.关于移动式压力容器临时使用的问题

留言日期：2020-03-31

在日常工作中，就执行《移动式压力容器安全技术监察规程》（TSGR 0005—2011）第2号修改单“6.增加：5.17　临时作为固定式压力容器使用，应当满足以下要求：（1）在定期检验有效期内；（2）满足消防防火间距等规定的区域内使用，并且有专人操作；（3）制定专门的操作规程和应急预案，配备必要的应急救援装备。”过程中遇到的问题特总局领导请教如下：根据《移动式压力容器安全技术监察规程》（TSGR 0005—2011）及修改单的规定，移动式压力容器满足一定要求可临时作为固定式压力容器使用，此“临时”使用的期限有何规定；二、根据第2号修改单中规定“满足消防防火间距等规定的区域内使用，并且有专人操作”，此项要求是否由当地消防部门进行界定；三、根据第2号修改单中规定“制定专门的操作规程和应急预案，配备必要的应急救援装备”，此项要求所需配备的应急救援装备是否由消防部门有关规定进行配备？

回复部门：特种设备安全监察局

时间：2020-04-03

（1）无明确规定，但不能长期作为固定式移动压力容器使用；（2）消防防火间距可咨询当地消防主管部门。（3）应急救援装备由使用单位按照应急需要及其他安全管理部门要求配置。

留言5.移动式压力容器长期固定使用

留言日期：2020-05-21

我局在执法检查中，发现某企业采用罐式集装箱（仅有罐体本体，无行走装置，且已以移动式压力容器备案登记）作为固定式压力容器通过管网向用气设备供气，该设备位置长期固定，以汽车罐车向该罐式集装箱补充气体。

问题:（1）是否允许以其它汽车罐车向该罐式集装箱补充气体，这种行为是否涉嫌以移动式压力容器向移动式压力容器充装?

该罐式集装箱是否可以注销其移动式压力容器使用登记证，以固定式压力容器的形式办理使用登记。

回复部门：特种设备安全监察局

时间：2020-05-27

（1）《移动式压力容器安全技术监察规程》（TSGR 0005—2011）第1号修改单规定除应急救援情况外，禁止移动式压力容器之间相互装卸作业；（2）可以依据《移动规》第2号修改单7.5条办理改造手续。

留言6. 移动式压力容器临时作为固定式压力容器装卸问题

留言日期：2020-05-19

《移动式压力容器安全技术监察规程》（TSGR 0005—2011）第1号修改单第10条 5.10（5）“除应急救援情况外，禁止移动式压力容器之间相互装卸作业，禁止移动式压力容器直接向气瓶进行充装；”日常检查中遇到的问题如下:

根据《移动式压力容器安全技术监察规程》及2号修改单的规定，移动式压力容器满足一定条件可临时作为固定式压力容器使用。因为是“临时作为固定式压力容器使用”，应该将其视作为移动式压力容器还是固定式压力容器？是否允许其与其它移动式压力容器相互装卸作业？是否仍需执行第1号修改单第10条 5.10（5）“禁止移动式压力容器之间相互装卸作业，禁止移动式压力容器直接向气瓶进行充装”的要求?

回复部门：特种设备安全监察局

时间：2020-05-25

（1）临时作为固定式压力容器使用依照《移动式压力容器安全技术监察规程》第2号修改单5.17条执行，仍按照移动式压力容器进行使用管理和定期检验；（2）除应急救援情况外，禁止移动式压力容器之间相互装卸作业。

留言 7. 移动式压力容器作为气源使用

留言日期：2023-02-27

企业是否允许使用移动式压力容器（天然气），通过减压装置及管网向用气设备供气（企业内部生产使用）？是否有法规要求?

回复部门：特种设备安全监察局

时间：2023-02-28

回复：请查阅《移动式压力容器安全技术监察规程》（TSGR 0005—2011）5.10（5）相关要求。

留言 8. 移动式压力容器

留言日期：2023-03-23

《移动式压力容器安全技术监察规程》（TSGR 0005—2011）中 5.10（5）规定：除应急救援情况外禁止移动式压力容器之间相互装卸作业，禁止移动式压力容器直接向气瓶进行充装；请问移动式压力容器是否可以经过减压设备调压后向用户供气（用户无气瓶）？

回复部门：特种设备安全监察局

时间：2023-03-28

回复：移动式压力容器临时作为固定式压力容器使用、改造为固定式压力容器使用，应分别满足 TSGR 0005—2011 2 号修改单中一、6 和一、9 条的要求。

小结：运送天然气的槽车属于移动式压力容器，到企业调压使用，不适用《压缩天然气供应站设计规范》（GB 51102—2016），建议咨询当地政府有关部门。

问 119 危险化学品装卸的软管以及复合软管使用期限等有要求吗?

答：建议危险化学品装卸的软管及复合软管使用单位按照生产厂家提供的说明书进行使用，具体使用年限一是咨询生产厂家；二是根据定期检验结果并结合实际使用情况，发现影响使用的情况，及时进行更换。并请参考关于危险化学品装卸的相关文件和标准规范中的规定。主要归纳为四点要求：

（1）危险化学品装卸的软管，需要满足防火、防爆和静电接地要求。

（2）装卸软管在使用时要承受一定压力，大部分标准规范明确规定了每年进行一次耐压试验和气密性试验。

（3）使用期限:《装卸软管安全使用与检测服务规范》（T/YFSEA 0002—2021）4.1.3.9 条规定“装卸软管超过安全使用年限应立即停用，并作报废处理。”

（4）对于液化烃、液氯、液氨等易燃易爆、有毒有害液化气体，使用更为安全可靠的万向管道充装系统代替充装软管。

具体的相关文件和标准规范如下:

参考1 《危险化学品重大危险源 罐区现场安全监控装备设置规范》（AQ 3036—2010）

8.4 易产生静电的危险化学品装卸系统，应设置接地装置，执行 SH 3097 的规定。

参考2 《波纹金属软管通用技术条件》（GB/T 14525—2010）

该标准规定了波纹金属软管相关的检验项目及检验方法，主要是作为制造厂家进行出厂检验和型式检验的依据。

5.6.1 耐压

软管耐压试验宜采用水压试验。对于符合表 8 规定的软管，在防护措施足以保障人身安全的条件下，允许采用气压代替水压进行耐压试验，但不推荐使用气压试验。除用户合同规定外，型式试验软管的耐压试验不允许使用气压试验。

表 8 允许以气压代替水压试验的软管

公称尺寸 DN	设计压力 P/MPa
≤ 80	≤ 2.5
100～150	≤ 1.6
175～200	≤ 1.0
250～350	≤ 0.6

5.6.1.1 软管在 1.5 倍的设计压力 P 下进行水压试验，应无渗漏无损伤无异常变形

5.6.1.2 软管在 1.15 倍的设计压力 P 下进行气压试验，应无漏气无损

伤、无异常变形。

5.6.2　气密

软管在设计压力 P 下进行气密试验，应无漏气。

5.6.3　静态弯曲

软管以静态弯曲半径 R 反复弯曲 10 次后，在设计压力 P 下进行气密试验，应无漏气、无损伤、无异常变形。

5.6.4　动态弯曲

软管最少动态弯曲次数见表 9。软管在设计压力 P 下，以动态弯曲半径 R。弯曲表 9 规定的最少动态弯曲次数后，软管应无渗漏、无异常变形。

5.6.5　爆破

软管最小爆破压力 P 应符合表 10 的规定。网套的爆破压力应按附录 B 进行校核。

参考 3 《首批重点监管的危险化学品安全措施和应急处置原则》（安监总厅管三〔2011〕142 号）

15　环氧乙烷【运输安全】(3) 运输环氧乙烷汽车罐车应符合以下要求：物料装卸应采用上装上卸方式，装卸管道应为不锈钢金属波纹软管，不得采用带橡胶密封圈的快速连接接头。

参考 4 《固定式压力容器安全技术监察规程》（TSG 21—2016/XG 1—2020）

7.1.9　装卸连接装置要求

在移动式压力容器和固定式压力容器之间进行装卸作业的，其连接装置应当符合以下要求：

(1) 压力容器与装卸管道或者装卸软管使用可靠的连接方式；

(2) 有防止装卸管道或者装卸软管拉脱的联锁保护装置；

(3) 所选用装卸管道或者装卸软管的材料与介质、低温工况相适应，装卸高（低）压液化气体、冷冻液化气体和液体的装卸用管的公称压力不得小于装卸系统工作压力的 2 倍，装卸压缩气体的装卸用管公称压力不得小于装卸系统工作压力的 1.3 倍，其最小爆破压力大于 4 倍的公称压力；

(4) 充装单位或者使用单位对装卸软管必须每年进行 1 次耐压试验，试验压力为 1.5 倍的公称压力，无渗漏无异常变形为合格，试验结果要有记录和试验人员的签字。

参考5 《道路运输液体危险货物罐式车辆 第1部分：金属常压罐体技术要求》（GB 18564.1—2019）

该标准中，规定了装卸管路系统的设置要求及装卸用管的耐压试验和气密性试验。

6.4.2 装卸用管和快装接头

6.4.2.1 装卸用管和快装接头的配置应符合设计图样的规定。

6.4.2.2 装卸用管和快装接头与充装介质接触部分应有良好的耐腐蚀性能。

6.4.2.3 装卸用管的公称压力应大于或等于装卸系统工作压力的2倍，其小爆破压力于或等于4倍的公称压力。

6.4.2.4 装卸用管和快装接头组装完成后应逐根进行耐压试验和气密性试验，耐压试验压力为装卸用管公称压力的1.5倍，气密性试验压力为装卸用管公称压力的1.0倍。

6.4.2.5 装卸易燃介质的装卸用管应有导静电功能，其两端之间的电阻值应小于等于5Ω。

参考6 《橡胶和塑料软管及软管组合件 选择、储存、使用和维护指南》（GB/T 9576—2019）与危化品相关的条款：

4.3.4 输送的介质

软管和软管组合件宜仅用于输送预定的介质。如果对其使用性有疑问，应向制造商咨询。当输送有潜在危险（如有毒、腐蚀性易爆或易燃）的介质时，宜采取预防措施以便将由于泄漏而流溢的影响降到最低。建议软管及软管组合件不使用时，不要充有输送介质。

4.3.11 泄漏

装配上管接头后，建议对软管组合件在规定的试验压力下进行静液压试验，以确认连接的有效性，即无泄漏、软管和管接头之间无拔脱现象。在没有法规或其他标准的情况下，建议按照ISO 1402进行静液压试验。

5.5 输送磨蚀性介质用软管

为获得最大工作寿命，输送磨蚀性介质的软管及软管组合件宜尽可能在平直状态下使用。当弯曲不可避免时，弯曲半径管尽可能的大。软管以小半径弯曲或盘卷的安装会引起涡流，导致内衬层局部迅速磨损而过早失效。

对于喷砂软管建议使用无芯杆外部管接头或使用等通径管接头，以减少软管与接头连接处的损伤及涡流现象。

有电连续性要求的此类软管组合件宜定期进行检查，以确保所输送的介质粒子与软管摩擦所产生的静电能有效导出。如果静电不能导出，则软管可能会因电弧穿孔而过早失效。

5.6　输送腐蚀或刺激性产品用软管

农药药品、酸及某些化学制品都具有腐蚀性或刺激性。软管或软管组合件也是为输送此类特定介质设计的。如果将要输送的介质在标准中或其他技术文件的范围中没有提及；或者浓度、温度或压力范围不在所述范围之内，宜向软管制造商咨询。

避免介质，特别是溶液和乳剂在软管内停滞。由此产生的沉淀会导致浓度超过允许的限度，从而使软管内衬层性能下降。为避免这样的情况发生，建议在使用后应尽可能将软管排干并冲洗。

考虑到软管或软管组合件失效的严重后果，宜采取有效的预防措施以降低失效对操作人员或环境的影响。

5.7　输送易燃介质用软管

在我国，有关于储存及运输易燃品，包括液态类（汽油、煤油和柴油）和液化烃类（LPG）的规定。这些规定只要适用于装卸作业的软管时就宜严格执行。

软管及软管组合件宜定期检验，以确定其是否可以继续使用，尤其是在电性能方面。建议软管不使用时应排干。

当使用软管或软管组合件输送液态烃时，芳香烃含量应在软管产品标准规定的范围内。

参考7　安徽省地方标准《装卸软管定期检验规程》（DB34/T 3448—2019）

该标准适用于充装介质为气体、液体或液化气体，工作压力不大于25MPa移动式压力容器用装卸软管的定期检验，规定了一般要求，检验周期和检验项目。

3　一般要求

3.1　检验机构应有装卸软管水压试验装置以及用于存放检验软管的防爆槽。

3.2 检验检测用仪器、仪表、量具应符合相应的技术规范，检验用照明灯具和电源应符合国家相关规定。压力试验装置上应装两块规格相同的压力表，其精确度等级不应低于 1.6 级，压力表的量程应当为试验压力的 1.5～3.0 倍。

3.3 检验机构应按照相关标准、规范要求，对检验条件进行检查确认，对检验检测中的危险源进行辨识和控制，确认符合现场检验条件。

3.4 使用单位在送检时应向检验机构提供软管的出厂技术文件、上次检验报告等有关资料。

3.5 检验人员应具备相应能力，能熟练使用压力试验装置。

3.6 检验前应对软管进行吹扫、清洗，清除软管内残留介质。

4 检验周期

装卸软管的检验周期应每年至少检验一次。

5 检验项目

5.1 资料审查

5.1.1 软管出厂质量证明书（制造单位应注明软管的设计使用寿命）。

5.1.2 装卸高（低）压液体气体、液体的装卸软管的公称压力不得小于装卸系统工作压力的 2 倍，装卸压缩气体的装卸软管公称压力不得小于装卸系统工作压力的 1.3 倍。

5.1.3 软管上次检验报告。

5.2 外观检查

5.2.1 检查软管与介质接触部件，部件应能耐相应介质的腐蚀。

5.2.2 软管与两端接头的连接应牢固可靠，螺纹、法兰或快装接头应完好，快装接头手柄不应有缺失。

5.2.3 外观不应有明显变形、破裂、老化，软管不应有堵塞现象。

5.3 耐压试验

5.3.1 软管外观检查合格后，进行耐压试验，试验时，环境温度不应低于 5℃，当环境温度低于 5℃时，应采取防冻措施。

5.3.2 将试验设备与装卸软管连接牢固，充满试压介质，试验介质应符合 TSG 21 和 TSGR 0005 的要求。

5.3.3 试验压力为装卸软管公称压力的 1.5 倍，缓慢升至试验压力，保压应不少于 5min，然后缓慢降至工作压力时检查，软管不应有破裂、鼓包、永久变形和泄漏。

5.3.4 在试压过程中，如发现装卸软管有异常现象，应停止试压，检查原因：不允许采用连续加压的方法，以维持试验压力不变，严禁带压紧固，试压过程中操作者不允许离开试验现场。

5.4 气密性试验

5.4.1 耐压试验合格后，按软管的公称压力或工作压力对装卸软管进行气密性试验，保压不少于5min，不应有泄漏。

5.4.2 气密性试验介质、温度、环境、过程按TSG 21和TSGR 0005的要求进行。

参考8 中国气体工业协会团体标准《气体充装软管安全技术要求》（T/CCGA 20002—2021）

7.4 定期检验

7.4.1 充装单位或者使用单位对气体充装软管管径DN ≥ 25mm，且压力大于等于2.5MPa的，应每年进行至少1次耐压试验，压力为公称工作压力的1.5倍，试验结果要有记录和试验人员的签字。

7.4.2 充装单位或者使用单位对其他气体充装软管，应每年进行1次气密性试验，试验压力为公称压力的1.0倍，试验结果要有记录和试验人员的签字。

7.4.3 充装单位或者使用单位对充装软管的接头部分，宜每半年，通过螺纹规及卡尺进行检查。没有相关专业能力的，可委托第三方或生产厂家进行检查，并予以记录。

7.4.4 气体充装软管，应标注初次使用日期、定期检验日期。

7.4.5 储存超过1年的气体充装软管，使用前应进行定期检验。

参考9 《石油化工管道用金属软管选用、检验及验收规范》（SH/T 3412—2017）

6 检验与验收的内容

6.1 金属软管出厂前应进行强度试验。当采用水压试验时，试验压力应为公称压力的1.5倍；当采用气压试验时，试验压力应为公称压力的1.15倍。

6.2 金属软管出厂前应作气密性检验，试验压力应为公称压力的1.0倍。

补充说明：

对于液化烃、液氯、液氨等易燃易爆、有毒有害液化气体，以下文件和标准要求使用万向管道充装系统代替充装软管。万向管道充装系统旋转灵活、密封可靠性高、安全性高于金属软管，能有效降低液化烃、液氨、液氯等易燃易爆、有毒有害液化气体充装环节的安全风险。

（1）国务院安委会办公室《关于进一步加强危险化学品安全生产工作的指导意见》（安委办〔2008〕26号）

第16项“在危险化学品槽车充装环节，推广使用金属万向管道充装系统代替充装软管，禁止使用软管充装液氯、液氨、液化石油气、液化天然气等液化危险化学品。”

（2）《关于危险化学品企业贯彻落实〈国务院关于进一步加强企业安全生产工作的通知〉的实施意见》（安监总管三〔2010〕186号）

第14项“在危险化学品槽车充装环节，推广使用金属万向管道充装系统代替充装软管，禁止使用软管充装液氯、液氨、液化石油气、液化天然气等液化危险化学品。”

（3）《石油化工企业设计防火标准》（GB 50160—2008，2018年版）

第6.4.2条“6　甲$_B$、乙、丙$_A$类液体的装卸车应采用液下装卸车鹤管”

第6.4.3条“1　液化烃严禁就地排放；2　低温液化烃装卸鹤位应单独设置”

（4）应急管理部办公厅关于印发《淘汰落后危险化学品安全生产工艺技术设备目录（第一批）》的通知（应急厅〔2020〕38号）

二、淘汰落后的设备“8 液化烃、液氯、液氨管道用软管”。淘汰原因：缺乏检测要求，安全可靠性低。代替的技术或装备：金属制压力管或万向充装系统。

小结：危化品装卸的软管及复合软管使用单位按照生产厂家提供的说明书进行使用，具体使用年限一是咨询生产厂家；二是根据定期检验结果并结合实际使用情况，发现影响使用的情况，及时进行更换。

问 120 什么是长输管道？距离要求是什么？

答：（1）长输管道定义，参考下列标准：

参考1 《压力管道规范 长输管道》（GB/T 34275—2017）

长输管道：产地、储存库、用户间的用于输送（油气）商品介质的管道。

参考2 《压力管道监督检验规则》（TSGD 7006—2020）

附件B　长输管道施工监督检验专项要求

B1　适用范围

适用于《特种设备目录》范围内，依据《输气管道工程设计规范》GB 50251、《输油管道工程设计规范》GB 50253、《压力管道规范　长输管道》GB/T 34275设计，产地、储存库、使用单位间的用于输送油气商品介质的压力管道，包括原油、成品油、天然气、煤层气、煤制气、页岩气、液化石油气等长距离油气输送管道的施工监检（注B-1）。

注B-1：长输管道站场内压力管道，施工监检按照本规则附件D执行，其监检机构应当具有工业管道安装监督检验资质。

参考3 《油气长输管道工程施工及验收规范》（GB 50369—2014）

长输管道指产地、储存库、用户间的用于输送油、气介质的管道。

（2）长输管道距离要求宜为大于30km。参考以下标准：

参考4 《石油化工企业设计防火标准》（GB 50160—2008，2018年版）

2.0.35　厂际管道：石油化工企业、油库、油气码头等相互之间输送可燃气体、液化烃和可燃液体物料的管道（石油化工园区除外）。其特征是管道敷设在石油化工企业、油库、油气码头等围墙或用地边界线之间且通过公共区域、长度小于或等于30km。

2.0.35　条文说明：石油化工企业内部通常有许多不同的界区，如装置区、储罐区、公用工程区等，这些界区的范围通常不是很明确。但以围墙作为石化企业的界区非常明确；同理，油库的围墙、油气码头与陆域的分界点也是非常明确；故以围墙或用地边界线作为计算的起止点。

公共区域不属于石化企业的管理范围，管理难度大，易产生对厂际管道不利的危险因素。

厂际管道的长度限定在30km，考虑了与长距离输油管道的两切断阀间距相协调。一般情况下，长距离输油输气管道为一根管道，长度在50km以上，且有中间泵站或加压站等特征。而厂际管道通常是多条管道并列敷设，无中间泵站或加压站，但受破坏的可能性较大，破坏后产生的危险性相对较大，因此其长度应短于长距离输油（气）管道的长度，这一长度也基本涵盖了目前石油化工企业不同围墙或用地边界线之间的油气管道长度。

厂际管道不属于地区输油（输气）管道，也不包括石油化工园区内公用的输送可燃气体、液化烃和可燃液体的管道。

因此，长输管道是指产地、储存库、用户间用于输送油、气商品介质的管道，其特点在于输送距离较长，通常用于大规模的油气输送。关于长输管道的距离要求，虽然没有统一的绝对标准，但根据《石油化工企业设计防火标准》（GB 50160—2008，2018 年版）的规定，厂际管道（即石油化工企业、油库、油气码头等相互之间输送可燃气体、液化烃和可燃液体物料的管道）的长度通常限定在 30km 以内。这是出于管理难度、安全考虑以及与实际输送需求相协调的综合考虑。然而，需要指出的是，这个长度限制主要适用于厂际管道，对于更大规模的长距离输油输气管道，其长度可能会超过 50km，并具备中间泵站或加压站等特征。因此，长输管道的具体距离要求还需根据具体的工程设计和安全规范来确定。

小结：长输管道如果属于压力管道的话，应符合《压力管道规范 长输管道》（GB/T 34275—2017）的定义和相关要求，如果不属于压力管道的话，应参考其他标准规范要求（如 GB 50016、GB 50074 等），但应注意和厂际管道的区别。

第八章

特殊介质储运管理

深入探究易燃、易爆、有毒等特殊介质储运的防护、温控与应急管理，针对介质特殊性制定有效安全策略。

——华安

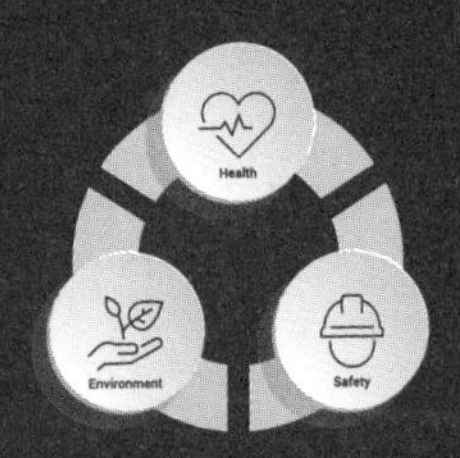

问 121 液氯储存方式有哪些优缺点?

答: 采用液氯厢式集装箱与传统的液氯储罐相比优点是可以减少液氯卸车工艺步骤，减少卸车过程带来的风险。而且目前的液氯厢式集装箱都能够采用外贴式的温度计及液位传感器，并且能够与切断阀实现联锁控制，把数据传输到中控室。

缺点有如下几点:

① DCS 与 SIS 系统的管理更为困难，存在员工随意摘除外贴式温度计及液位传感器的状况，数据无法实时传输到 DCS 和 SIS 系统，无法实现自动化作业，如抽真空换管道，氮气管道置换气体等都无法实现自动切换。

② 目前液氯厢式集装箱无现场液位计，无法设置两种不同形式的液位计，不能满足中国氯碱协会发布的《关于氯气安全设施和应急技术的指导意见》“液氯储槽液面计应采用两种不同方式，采用现场显示和远传液位显示仪表各一套，远传仪表推荐罐外测量的外测式液位计；现场显示液氯液位应标识明显的低液位、正常液位和超高液位色带（黄、绿、红），远传仪表应有液位数字显示和超高液位声光报警；液氯充装系数为≤ 1.20kg/L，并以此标定最高液位限制和报警”的要求。

③ 使用液氯厢式集装箱无法满足《氯气安全规程》第 7.2.4 条：地上液氯储罐区地面应低于周围地面 0.3～0.5m 或在储存区周边设 0.3～0.5m 的围堰，防止一旦发生液氯泄漏事故，液氯气化面积扩大。

④ 使用液氯厢式集装箱无法远程监测储罐压力，难以达到《氯气安全规程》第 5.2.9 条：罐体内保留不少于充装量的 5% 或者 100kg 的余量，且应留有不低于 0.1MPa 的余压。

小结: 液氯储存方式的选择是根据需要和环境来确定的，建议根据企业实际状况和使用环境来选择适用的液氯储存方式。

问 122 氯气区域需要防爆吗?

答: 氯气助燃，不需要防爆电气，当然实际上企业几乎都使用的是防爆电气。防爆设置是依据爆炸区域划分图来的，氯气现场需要考虑的是设备防腐蚀防护等级（WF、F、IP）。

1. 查阅氯气相关标准规范等，本品不燃，但可助燃。一般可燃物大都能在氯气中燃烧，一般易燃气体或蒸气也都能与氯气形成爆炸性混合物。受热后容器或储罐内压增大，泄漏物质可导致中毒。

2. 参考《建筑设计防火规范》(GB 50016—2014，2018 年版)，氧气的火灾危害性分类为乙类。

《氧气站设计规范》(GB 50030—2013) 涉及氧气火灾危险性划分：有爆炸危险、火灾危险的房间或区域内的电气设施应符合现行国家标准《爆炸和火灾危险环境电力装置设计规范》GB 50058 的有关规定。催化反应炉部分和氢气瓶间应为 1 区爆炸危险区，离心式氧气压缩机间、液氧系统设施、氧气调压阀组间应为 21 区火灾危险区，氧气灌瓶间、氧气储罐间、氧气储气囊间等应为 22 区火灾危险区。

所以氯气助燃，目前未查到涉及氯气火灾危险性划分，也无明确规定氯气区域需要安装防爆电器，可参照《氧气站设计规范》(GB 50030—2013) 条款。

小结：氯气本身不燃，但属于助燃物，其所在的区域是否防爆，应根据区域内其他介质的特性进行综合判定。

问 123　液氯库房内只有移动式软管做应急吸风（无固定吸风口），是否合适？

答：无固定吸风口只适用液氯生产企业因特定工艺流程设计无法实现密闭的液氯钢瓶储存仓库，但必须设置钢瓶泄漏的应急处置设施（装置），如：移动式真空软管、移动式真空罩、钢瓶真空处置房包括相对应的氯气吸收

装置及配置适用的堵漏器具等等两种或两种以上的安全设施。对于液氯储罐储存仓库应采用密闭及自动吸收系统（采用的是固定吸风口）。能实现密闭的液氯钢瓶储存仓库同液氯储罐储存仓库要求。

参考1 根据《淘汰落后危险化学品安全生产工艺技术设备目录（第一批）》的通知（应急厅〔2020〕38号），淘汰落后工艺技术装备名称：未设置密闭及自动吸收系统的液氯储存仓库，代替的技术或装备名称：仓库密闭，并设置与报警联锁的自动吸收装置。

参考2 参考《关于淘汰落后工业技术“未设置密闭及自动吸收系统的液氯储存仓库”实施整改的指导意见》（氯碱协会〔2021〕协字第001号）：

1. 液氯储罐储存仓库

中国氯碱工业协会《关于氯气安全设施和应急技术的指导意见》（〔2010〕协字第070号）和《烧碱装置安全设计标准》（T/HGJ 10600—2019）均明确液氯储罐厂房应采用封闭结构，各企业应严格按照通知要求自查自纠、实施整改。未采用密闭及自动吸收系统属重大隐患，已经多次发生储罐及进出管线泄漏引发事故。近期2020年6月山东淄博济维泽化工有限公司液氯储罐管道破裂，由于储罐厂房未密闭，造成大量氯气泄漏事故。

2. 液氯钢瓶储存仓库

全国液氯生产单位的液氯钢瓶储存，由于特定的生产工艺流程设计，设置了空瓶接收、整瓶、充装、复称、重瓶储存区和装车区一体化，全过程吊装运行流水线，无法分隔为独立单元。且普遍使用标准的一吨氯钢瓶，一旦发生泄漏与大容积液氯储罐相比风险较小，易于处置。因此，此类情况可不采用密闭化，但必须设置钢瓶泄漏的应急处置设施（装置），如：移动式真空软管、移动式真空罩、钢瓶真空处置房包括相对应的氯气吸收装置及配置适用的堵漏器具等等两种或两种以上的安全设施。

小结： 无固定吸风口只适用液氯生产企业因特定工艺流程设计无法实现密闭的液氯钢瓶储存仓库，但必须设置钢瓶泄漏的应急处置设施。

问124 液氨储罐顶部是否需要设置气体报警器？

答： 首先，罐顶探头是否安装，不是一个单纯合规问题。罐的类型不同，物料不同，这是一个典型风险决策过程。ISA，DEP等标准或公司规范，基本都是根据泄漏频率，物料特性，把不同探头检测区域分级，不同级别不同要求。沿着事件树的思路也可以很清晰地梳理出来：

1. 有没有泄漏源，泄漏频率多高，漏出来的是什么；

2. 小泄漏有没有可能扩大为大泄漏；

3. 小漏，大漏，会不会立即点燃或中毒；

4. 如果罐顶没有检测到，靠什么手段发现泄漏。发现延时会多久。会增加多少泄漏量；

5. 延迟点燃，或中毒对应的事故后果会扩大到多少；

其次，从标准的角度看：

参考《石油化工可燃气体和有毒气体检测报警设计标准》（GB/T 50493—2019）

第 4.1.3 条要求，下列可燃气体和（或）有毒气体释放源周围应布置探测点：4）经常拆卸的法兰和经常操作的阀门组。

这里的经常是基于工艺和生产评估来的，如果工艺和生产评估定义为经常操作的手动阀门组，场景有较大聚集可能，那就设置。

如果顶部有操作平台和经常操作阀门组或排液、放空口，一般卧罐高度较低，周边构筑物等存在，少量泄漏后有可能形成聚集，因此多数情况下评估后是设置的，但如果不是上述场景就不一定在顶部设置，比如操作阀组有可能在联合平台的边界或地面管带处等，那么卧罐顶部可能就不用设置等等。场景不同对应结论就不同，因此无法对这类问题给出一个标准的定论。

小结：在生产或使用的液氨储罐顶部，评估罐顶泄漏氨气体浓度如可能达到报警设定值，则应设置氨气体检测报警仪。

问 125 液氨的火灾危险性属于哪一类？

具体问题：液氨《危险化学品安全技术全书》里面给出的闪点是 –54℃，按照石化规正文里应该算液化烃，储罐相关设计也按照液化烃设计，但条文解释中，分类举例液氨是乙 A 类这个是什么考量？

答：闪点，以 45℃为界，乙 $_A$ 及以上是易燃，液氨是乙 $_A$，易燃液体；氨实施指南很明确属于易燃气体；信息表引用的 GB 30000，统称易燃；易燃、可燃参考 GB 50074；GB 50160 统称可燃液体；GB 50074 为易燃液体。

参考1 《石油化工企业设计防火标准》（GB 50160—2008，2018年版）

对可燃液体的火灾危险性分类说明：

(1) 规定可燃液体的火灾危险性的最直接指标是蒸汽压。蒸汽压越高，危险性越大。但可燃液体的蒸汽压较低，很难测量。所以，世界各国都是根据可燃液体的闪点（闭杯法）确定其火灾危险性。闪点越低，危险性越大。

在具体分类方面 GB 50160 与现行国家标准《石油库设计规范》（GB 50074）和《建筑设计防火规范》（GB 50016）是协调的。考虑到应用于石油化工企业时，需要确定可能释放出形成爆炸性混合物的可燃气体所在的位置或点（释放源），以便据之确定火灾和爆炸危险场所的范围，故将乙类又细分为乙$_A$（闪点≥28℃至≤45℃）、乙$_B$（闪点>45℃至<60℃）两小类。将丙类又细分为丙$_A$（闪点60℃至120℃）、丙$_B$（闪点>120℃）两小类。与现行国家标准《石油库设计规范》（GB 50074）是协调一致的。

结合我国国家标准《石油库设计规范》（GB 50074）和《建筑设计防火规范》（GB 50016）对油品生产的火灾危险性分类的具体情况，GB 50160 标准将液化烃和其他可燃液体合并在一起统一进行分类，将甲类又细分为甲$_A$（液化烃）、甲$_B$（除甲$_A$类以外，闪点<28℃）两小类。

参考2 《危险化学品安全技术全书》

液氨的闪点是-54℃，按照此闪点定义，属于甲类危险化学品。

参考3 《石油化工企业设计防火标准》（GB 50160—2008，2018年版）

条文说明 3.0.1 与现行国家标准《建筑设计防火规范》GB 50016 对可燃气体的分类（分级）相协调，本标准对可燃气体也采用以爆炸下限作为分类指标，将其分为甲、乙两类。可燃气体的火灾危险性分类举例见表1。

表1 可燃气体的火灾危险性分类举例

类别	名称
甲	乙炔，环氧乙烷，氢气，合成气，硫化氢，乙烯，氰化氢，丙烯，丁烯，丁二烯、顺丁烯，反丁烯，甲烷，乙烷，丙烷，丁烷，丙二烯，环丙烷，甲胺，环丁烷，甲醛，甲醚（二甲醚），氯甲烷，氯乙烯，异丁烷，异丁烯
乙	一氧化碳，氨，溴甲烷

此处表 1 氨火灾危险性分类列举是指气体类，非液体类。

第 6.6.3 条　表 6.3.3 注 2：液氨储罐间的防火间距要求应与液化烃储罐相同；液氧储罐间的防火间距应按现行国家标准《建筑设计防火规范》GB 50016 的要求执行。

第 6.3.5 条　防火堤及隔堤的设置应符合下列规定：

6　全压力式、半冷冻式液氨储罐的防火堤和隔堤的设置同液化烃储罐的要求。

参考 4 关于“液化烃与可燃液体”的名称问题。

1）因为液化石油气专指以 C_3、C_4 或由其为主所组成的混合物。而 GB 50160 标准所涉及的不仅是液化石油气，还涉及乙烯、乙烷、丙烯等单组分液化烃类，故统称为“液化烃”。

2）在国内外的有关规范中，对烃类液体和醇、醚、醛、酮、酸、脂类及氨、硫、卤素化合物的称谓有两种：有的按闪点细分为“易燃液体和可燃液体”，有的统称为“可燃液体”。GB 50160 标准采用后者，统称为“可燃液体”。

液化烃、可燃液体的火灾危险性分类举例见下表。

火灾危险性分类		名称
乙	A	丙苯，环氧氯丙烷，苯乙烯，喷气燃料，煤油，丁醇，氯苯，乙二胺，戊醇，乙 环己酮，冰醋酸，异戊醇，异丙苯，液氨，35 号轻柴油，50 号轻柴油
	B	轻柴油，硅酸乙酯，氯乙醇，氯丙醇，二甲基甲酰胺，二乙基苯

上表将液氨火灾危险性分类归为乙 A 类；

总结：液氨根据《危险化学品安全技术全书》其闪点确实是属于甲类危化品，依据《爆炸危险环境电力装置设计规范》（GB 50058—2014）第 2.0.26 条条文解释第（2）项：经验表明，氨很难点燃。所以 GB 50160—2018 石化规将液氨火灾危险性类别定义乙 A 类，是在充分借鉴国外发达国家的液氨研究成果，结合国内自身实际，在考虑不同火灾危险性时的防火间距要求、火灾概率、国内消防水平及能力、火灾的扑救难度、制定防火间距时的节约用地、与国际接轨等等综合因素，将液氨列入乙 A 类。

小结：综上所述，液氨的火灾危险性分类应为乙 A 类。

问 126 企业设计专篇设计两个液氨储罐，标注 1 用 1 备，始终保持一个空罐应急，现在提出来一定要企业按照两个液氨储罐的量来计算重大危险源。是否合适?

答： 此问题有争议。

备用储罐（设计 1 用 1 备应急倒罐用），在重大危险源的辨识指标计算过程中应按照设计中备用储罐的实际作用执行，主要有以下几种情况：

（1）备用储罐作为应急倒罐，仅用于储存储罐区（以防火堤为界线划分的独立的单元）内的一个或几个储罐紧急倒罐的物料。正常状态下备用储罐为空罐，该储罐区储存物料的总量没有因紧急倒罐情况而变大，GB 18218 第 4.2.2 条也明确辨识量是设计最大量，而且也有标准明确说明应急罐正常情况下必须是空的。这种情况备用储罐在重大危险源的辨识指标计算过程中不应计算在内。

有些情况如液氨、液氯等为保证在紧急倒罐时备用罐具备倒罐条件，备用罐会按照设计最低液位保持备用状态，储存量少，这种情况建议按备用储罐实际储存量计算在内。当然也有一些地方明确不计算在内。

如河北地区：第一，在做重大危险源评估的时候所有液氨液氯这类的备用罐都是不计算重大危险源的，因为应急要求这类储罐应设置一台备用罐，备用罐的储量不小于罐区最大储罐的储量。

第二，一般企业不会把备用罐清空的，因为如果液氨液氯紧急倒罐的时候，如果备用罐是空罐，里面的温度接近气化温度，会造成液化气体气化发生危险。一般企业会保持一个最低液位，这个最低液位的保持是根据其他储罐储量来确定的，保证在倒罐的过程中，备用罐可以存放任意一个储罐的物料。并且大多企业会更换备用罐和在用罐，以确保备用罐长时间不使用造成其他危险。河北针对备用罐是不计算重大危险源处理，就算里面保持最低液位也不将其纳入重大危险源计算。

（2）备用储罐作为生产使用罐，主罐例行检维修，设计设置备用罐用于维持正常连续生产，设计备用罐与主罐不同时使用，这种情况备用储罐在重大危险源的辨识指标计算过程中不应计算在内（备用储罐容积大于主罐容积时应按照备用储罐计算）。

但在以下情况可能会要求计入重大危险源计算：

（3）备用储罐同样作为应急倒罐，备用储罐管道连接装置区、装卸区、备用储罐所在储罐区的其他区域等，紧急情况下备用储罐储存来自装置区、装卸区、其他区域等输送的物料，这种情况备用储罐在重大危险源的辨识指标计算过程中应计算在内。

（4）企业针对一用一备的储罐，如果备用罐确实用过（一用一备是两个储罐互为备用），备用储罐里面有很少液氨（低温液氨储罐作为事故罐，如果不完成预冷并存少量的液氨，在事故状态下也不能直接进行倒罐操作），备用储罐内少量的液氨进行重大危险源辨识计算。

（5）有些备用罐的连接口除了和主罐相连之外，也和装置区或装卸栈台的出入管道相连，这种情况下，就应考虑备用罐的容积了，因为当装置区或装卸区因某种意外原因，直接将物料输入到备用罐的话，实际上是增加了罐组的总容积，所以这种情况下，在计算重大危险源的时候，是应考虑进去。

小结：关于备用罐是否纳入重大危险源的计算范围，应具体问题具体分析，如果备用罐只容纳主罐转移的介质，不需要再计算。如果备用罐除了容纳主罐转移的介质外还接收其他途径转移过来的介质，则需要将该部分计算在内。

问 127 液氨球罐进出口管线需采用柔性连接依据哪个规范？

答：可以参考《石油化工管道柔性设计规范》（SH/T 3041—2016）

柔性连接是相对刚性连接而言的，金属软管只是柔性连接的一种形式。柔性连接是为了解决管道的应力约束问题；柔性连接可以通过管道布置来消除潜在不均匀沉降带来的应力。

注：常见的储罐进出口管道柔性连接方式：

① 金属软管；

② 可变弹簧支（吊）架；

③ 改变进出口管走向；

④ 以上的组合。

小结：如果液氨球罐的进出口管线存在应力约束问题，则应按照相关柔性设计规范的要求进行柔性设计。

问 128 液氨储罐与周边的防火间距是按乙 $_A$ 类液体还是按液化烃或者是可燃气体进行衡量?

答: 石油化工企业液氨罐组与周边的设施可参考相应的甲乙类储罐确定防火间距，此处有一定争议，还应与当地监管部门做好沟通工作，希望《石油化工企业设计防火标准》(GB 50160—2008，2018 年版）修订时能予以明确。液氨除火灾危险外，还是高毒物品，与周边人员集中场所的间距应按照《石油化工工厂布置设计规范》(GB 50984—2014）中的高毒泄漏源安全防护距离和《化工企业总图运输设计规范》(GB 50489—2009）布置要求确定。

理由：液氨，常温常压下是易燃气体，类别 2（危险化学品分类信息表)。

沸点 –33.5℃，饱和蒸气压 506.62kPa（4.7℃）—数据来源:《危险化学品安全技术全书》(第三版）化学工业出版社（2018 年)。

液氨储罐与周边设施（罐组内、罐组外）的防火间距分为以下几种情况:

(1）液氨全压力储罐与罐组内储罐间的间距按照《石油化工企业设计防火标准》(GB 50160—2008，2018 年版）表 6.3.3 确定（与液化烃相同);

(2）液氨全压力储罐罐组与周边设施的防火间距，GB 50160—2008(2018 版）表 4.2.12 未给出间距要求，但按条文说明 3.0.2（5）表 2，液氨属于乙 A 类可燃液体，另外《煤化工工程设计防火标准》(GB 51428—2021)（表 4.1.6 注 8）规定按照相应的甲乙类可燃液体罐组执行。因此，石油化工企业液氨罐组与周边的设施可参考相应的甲乙类储罐确定防火间距，此处有一定争议，还应与当地监管部门做好沟通工作，希望石化标修订时能予以明确。

(3）液氨除火灾危险外，还是高毒物品，与周边人员集中场所的间距应按照《石油化工工厂布置设计规范》(GB 50984—2014）中的高毒泄漏源安全防护距离确定。

(4)《化工企业总图运输设计规范》(GB 50489—2009)

5.4.5 液氨储罐、实瓶库及灌装站的布置，应符合下列要求:

1 应布置在厂区或所在街区全年最小频率风向的上风侧。

2 大型液氨储罐外壁、实瓶库及灌装站的边缘与人员集中活动场所边缘的距离不宜小于 50m；小型液氨储罐、实瓶库及灌装站其距离不宜小于 25m。

小结： 液氨除了具有易燃易爆性质以外，还属于高毒物品。除了满足防火间距的需要之外，还应该满足外部安全防护距离的要求。

问 129 氯乙烯储罐安全阀排放口怎么设置？目前氯乙烯尾气处理方式有哪些？

答： 目前氯乙烯回收难度较大，因为没有合适的吸收剂，氯乙烯吸收剂必须溶解度非常大，这样才不至于造成安全阀出口阻力过大。要想回收，只能采用冷凝的方法，但是设置冷凝器又容易造成安全阀出口阻力过大。所以多数选择排空，虽然有个别企业做了所谓的回收，但是没有太大的意义。现有规范总结如下：

1. 按照中国氯碱工业协会发布的《氯乙烯气柜安全保护措施改进方案》（四）其他安全生产建议第 6 条，综合分析氯乙烯球罐安全阀泄放气进氯乙烯气柜的环保作用及安全风险，氯乙烯安全阀泄放气不应接至气柜，应高点排空。

2. 按照《石油化工企业设计防火标准》（GB 50160—2008，2018 年版）

5.5.15　液体、低热值可燃气体、含氧气或卤族元素及其化合物的可燃气体、毒性为极度和高度危害的可燃气体、惰性气体、酸性气体及其他腐蚀性气体不得排入全厂性火炬系统，应设独立的排放系统或处理系统。排空高度参考第 5.5.11 条，受工艺条件或介质特性所限，无法排入火炬或装置处理排放系统的可燃气体，当通过排气筒、放空管直接向大气排放时，排气筒、放空管的高度应符合下列规定：

（1）连续排放的排气筒顶或放空管口应高出 20m 范围内的平台或建筑物顶 3.5m 以上，位于排放口水平 20m 以外斜上 45° 的范围内不宜布置平台或建筑物；

（2）间歇排放的排气筒顶或放空管口应高出 10m 范围内的平台或建筑物顶 3.5m 以上，位于排放口水平 10m 以外斜上 45° 的范围内不宜布置平台或建筑物；

（3）安全阀排放管口不得朝向邻近设备或有人通过的地方，排放管口应高出 8m 范围内的平台或建筑物顶 3m 以上。

根据现有的规范和要求，氯乙烯安全阀泄放气不应接至气柜，而应高点排空。此外，氯乙烯等含卤族元素的可燃气体不得排入全厂性火炬系统，应设独立的排放系统或处理排放系统。排空高度也有明确规定，连续排放和间歇排放的排气筒或放空管口需要高出一定范围内的平台或建筑物顶一定的距离，并且安全阀排放管口不得朝向邻近设备或有人通过的地方。因此，可以推测目前通用的处理方式可能以排空为主，而具体的回收或处理技术在当前可能仍在研究和探索阶段，尚未形成广泛应用。总结来说，氯乙烯储罐安全阀出口目前多数选择直接排空，而通用的氯乙烯尾气处理方式可能以排空为主，具体的回收或处理技术有待进一步发展和完善。对于氯乙烯尾气的处理，不仅要考虑处理效率，还要关注处理过程的安全性和环保性。因此，在实际应用中，应根据具体情况选择合适的处理方法，并严格遵守相关的安全环保规定。

小结： 氯乙烯储罐安全阀出口目前多数选择直接排空，而通用的氯乙烯尾气处理方式可能以排空为主，具体的回收或处理技术有待进一步发展和完善。

问 130 苯乙烯储罐是设置储罐上盘管还是外循环冷却器降温？

具体问题： 苯乙烯容易自聚，需要加入阻聚剂，如果储罐设置氮封，为了保证阻聚剂活性是否需要混入一定的空气？阻火器和呼吸阀也比较容易堵塞有什么好的措施？苯乙烯储罐是设置储罐上的盘管降温，还是外循环冷却器降温？

答： 苯乙烯需添加阻聚剂，储罐设置氮封情况下，需要补充一定的空气，确保氧含量，增强防止苯乙烯自聚的作用。但是，要做好氧含量检测，保证苯乙烯储罐气相中的氮气浓度。苯乙烯储罐冷却降温，至于是采用储罐上的盘管降温还是外循环冷却器降温，企业可根据实际条件和相关设计文件选择执行皆可以。

参考1 《国家安全监管总局办公厅关于印发首批重点监管的危险化学品安全措施和应急处置原则的通知》（安监总厅管三〔2011〕142号）规定，应对涉及苯乙烯的装置操作温度进行检查，按规定添加阻聚剂，防止物料发生高温自聚堵塞设备和管道。加注阻聚剂时应采用自吸式设备或装置。应编制苯乙烯储罐、装置单元塔、釜等易发生聚合的部位的处置方案，确保发生停电等异常工况时阻聚剂能及时注入。塔底阻聚剂含量应符合工艺指标控制要求。

参考2 《国家安全监管总局关于进一步加强化学品罐区安全管理的通知》(安监总管三〔2014〕68号)规定，应对苯乙烯储罐的呼吸阀、爆破片、阻火器、泡沫发生器、温度计、液位计等安全附件按规范设置，并建立安全附件台账。

根据《危险化学品企业安全风险隐患排查治理导则》(应急〔2019〕78号)规定：应定期检验保证安全附件正常投用。定期检查苯乙烯储罐顶部呼吸阀、阻火器是否通畅；定期开关检查储罐现场压力表、现场液位计手阀或罐顶其他备用口是否堵塞。对于比较容易堵塞的阻火器和呼吸阀，目前除了定期检查外，常用的方法以一用一备的方式拆下来进行清理。

参考3 2022年应急部发布的《苯乙烯企业安全风险隐患排查指南》规定，苯乙烯储罐应设计喷淋设施或制冷设施，保证苯乙烯储存温度不高于20℃。制冷系统应配有应急电源。

参考4 《石油化工储运系统罐区设计规范》(SH/T 3007—2014)

表3.4中，苯乙烯储存温度控制设定范围为5～20℃。企业一般控制在18℃。苯乙烯储罐设置的储罐内盘管降温。制冷系统应配有应急电源。

小结：苯乙烯需添加阻聚剂，储罐设置氮封情况下，需要补充一定的空气，确保氧含量，增强防止苯乙烯自聚的作用。苯乙烯储罐冷却降温，至于是采用储罐上的盘管降温还是外循环冷却器降温，企业可根据实际条件和相关设计文件选择执行皆可以。

问131 苯乙烯储罐罐根法兰处发生泄漏，应该选用哪种堵漏剂？

答：堵漏分为物理堵漏和化学堵漏，其中化学堵漏剂应根据泄漏物料性质选用，苯乙烯法兰泄漏，堵漏剂应选用不与苯乙烯发生反应、不导致苯乙烯自聚的材料。

根据苯乙烯的危险性，不推荐采用堵漏方式保持设备运行，堵漏只能作为一个临时的应急措施，应在储罐物料紧急处理后及时对泄漏部位采取本质安全维护措施。

小结：考虑苯乙烯泄漏的危险性，堵漏只能作为一个临时的应急措施，应在储罐物料紧急处理后及时对泄漏部位采取本质安全维护措施。

HEALTH SAFETY
ENVIRONMENT

第九章

气瓶储运安全

详细讲解气瓶充装、运输、储存过程中的防撞、防泄漏等安全知识，严把气瓶运输与储存安全关。

——华安

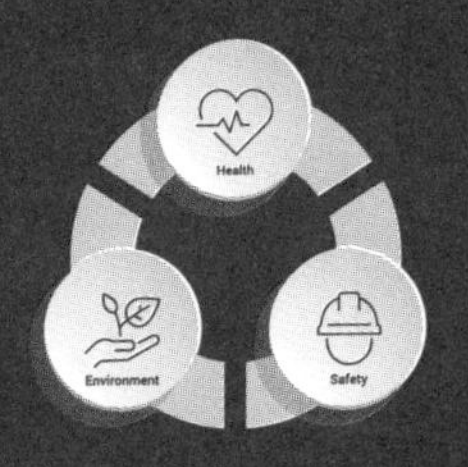

问 132 实验楼内的气瓶存放标准有没有国家标准规定？

答： 目前尚无针对性的国家标准，但是《气瓶搬运、装卸、储存和使用安全规定》（GB/T 34525—2017）、《石油化工中心化验室设计规范》（SH/T 3103—2019）、《科研建筑设计标准》（JGJ 91—2019）、《化学化工实验室安全管理规范》（TCCSAS 005—2019）等有相关内容。

参考1 《气瓶搬运、装卸、储存和使用安全规定》（GB/T 34525—2017）

8.2 气瓶入库储存

8.2.1 气瓶的储存应有专人负责管理。

8.2.2 入库的空瓶、实瓶和不合格瓶应分别存放并有明显区域和标志。

8.2.5 对于限期储存的气体按GB/T 26571规范要求存放并标明存放期限。

8.2.6 气瓶在存放期间，应定时测试库内的温度和湿度，并作记录。库房最高允许温度和湿度视瓶装气体性质而必要时可设温控报警装置。

参考2 《石油化工中心化验室设计规范》（SH/T 3103—2019）

3.4 辅助房间：不进行分析化验，为分析化验提供服务和支持的必要房间。

5.1 中心化验室的组成，中心化验室由分析房间及辅助房间组成，房间的设置应符合下列规定：辅助房间宜设置钢瓶间等。

5.2.1.2 钢瓶间应避免阳光直射。

5.2.1.10 钢瓶间不应设在主建筑物内，不应设在主入口侧；使用钢瓶气的房间宜布置在靠近钢瓶间的一侧。

5.2.1.11 钢瓶宜集中布置在钢瓶间。可燃气体钢瓶与助燃气体钢瓶应布置在不同的钢瓶间。

8.1 中心化验室含主建筑物、辅助建筑物、钢瓶间，既可以连在一起，也可以分开建造，但都应作为一个整体看待，火灾危险性类别均为丙类。当分开建设时，防火间距应符合GB 50016—2014表3.4.1和3.4.7条、3.4.8条的规定。钢瓶间作为化验室的钢瓶气使用房间，钢瓶数量是少量的，并采用自然通风或机械通风措施，甲乙类危险物品的逸出量不会大于单位容积的最大允许量，不按物质危险特性确定生产火灾危险性类别。

8.3　钢瓶间门的材质应为不燃材料。

8.12　钢瓶间的设计应满足以下要求：当钢瓶间与主建筑物贴邻布置时，隔墙应为钢筋混凝土墙；宜采用半敞开式设计，应保持良好的自然通风，并应采取遮阳防晒措施；建筑的防爆设计应符合 GB 50016 的相关规定。

9.8　钢瓶间宜采用自然通风。当自然通风不能满足要求时，应采用机械通风或机械与自然的联合通风，通风机应与钢瓶间的气体报警信号联锁，报警时自动启动通风机。

9.14　液化烃气钢瓶间的排风系统应采用防爆风机，风管应采用金属材质。

11.1.6　液化烃气钢瓶间的开关、插座、灯具应防爆，其配电线路穿越隔墙处应隔离密封。

参考 3　《科研建筑设计标准》（JGJ 91—2019）

10.1.15　气体供应方式应符合下列规定 1 当采用瓶装气体供气时，宜集中设置气瓶间，采用管道供应。气瓶间宜单独设置或设在无危险性的辅助用房内。

10.4.1　气体管道设计的安全技术应符合下列规定：

3　气瓶应放在主体建筑物之外的气瓶存放间。对日用气量不超过一瓶的气体，室内可放置一个该种气体的气瓶，但气瓶应有安全防护设施。

4　气瓶存放间应有不小于 3 次 /h 换气的通风措施。

10.5.1　氧气气源站宜布置成独立单层建筑物，耐火等级不应低于二级。如与其他建（构）筑物毗连，其毗连的墙应为耐火极限不低于 1.5h 的无门、窗、洞的防火墙，该氧气气源站至少应设一个直通室外的门。氧气供应源给水排水、照明、电气应符合现行国家标准《氧气站设计规范》（GB 50030）的有关规定。

10.5.2　氮气、二氧化碳、氧化亚氮等气体供应源不应设在地下或半地下建筑内。可设在不低于三级耐火等级建筑内的靠外墙处，并应采用耐火极限不低于 1.5h 的墙和丙级防火门与建筑物的其他部分隔开。

10.5.3　氢气、乙炔、甲烷等可燃气体宜布置成独立单层建筑物，不得设在地下或半地下建筑内。耐火等级、泄压面积和可燃气体浓度报警，按可燃气体的相应标准执行。

10.5.4　气体的储存应设置有专用仓库，其平面布置、建筑物的耐火等级、安全通道及消防等应符合现行国家标准《建筑设计防火规范》GB

50016 的有关规定。当气体储存库与其他建（构）筑物毗连时，其毗连的墙应为无门、窗、洞的防火墙，并应有直通室外的门。其围护结构上的门窗应向外开启，并不应使用木质、塑钢等可燃材料制作。

参考 4 《化学化工实验室安全管理规范》(T/CCSAS 005—2019)

7.4.15 气瓶应放置于阴凉处的气瓶储存区域中，并牢固固定。

7.4.16 气瓶宜配有防震圈。

7.4.17 不同种类的气瓶放置在同一气瓶柜之前应考虑两种气体的相互影响。

7.4.18 需要在气瓶柜外使用的气瓶应直立固定在专用支架上。

7.4.19 氧气气瓶不能与乙炔、CO、CH_4 等可燃性气体气瓶混放。

7.4.20 HCl、H_2S、Cl_2、CO 等有毒、有害气体（低浓度的标准气体、计量用气体除外）气瓶应单独存放并在不远处配备正压式空气呼吸器。

7.4.21 操作人员应保证气瓶在正常环境温度下使用，防止意外受热。不应将气瓶靠近热源，安放气瓶的地点周围 10m 范围内，不应进行有明火或可能产生火花的作业。

7.5.5 气瓶应注明气体种类，并在气瓶柜或气瓶上设置“使用中”和“未使用”标识。

7.5.6 气瓶应有阀门手轮或活扳手，气体管路连接根据介质的性质选用适当的材质，如使用铜、不锈钢等金属管线，或聚四氟乙烯、PEEK 等塑料管线，并定期进行泄漏检查。

7.5.7 气瓶不使用时应安装上安全保护帽。

9.3 气瓶柜

9.3.1 实验室应配备足够的气瓶柜或气瓶专用支架，以满足使用要求。

9.3.2 气瓶柜应放在阴凉、干燥、严禁明火、远离热源的房间。

9.3.3 气瓶柜应定期做相关检验，包括但不限于：柜体外观有无损伤；柜体是否牢固稳定；门锁是否灵活；距火源等不安全因素的距离是否符合要求；如有电控功能、报警系统、排风系统等，应进行功能性核查。保存相关检验或试验记录。

9.3.4 存放剧毒或高毒气体的气瓶柜应连接到通风装置。

10.1.5 实验室门口应有安全信息牌，至少应包括实验室危害类型、个体防护要求、气瓶种类与数量、安全责任人及联系方式等内容。

10.2.5 危险材料、化学品储存柜、气瓶禁止放于实验室主要出口附近。

12.2.2　实验室特定区域如化学品存放处、易燃易爆物品存放处、气瓶存放处等严禁烟火。

小结：实验楼内的气瓶存放标准没有专门的国家标准规定，但是可以参考工业气瓶相关标准的存放要求。

问 133 液氮杜瓦罐瓶身和瓶顶气化出气管路结霜的原因及处理措施是什么？

答：液氮杜瓦罐瓶身和瓶顶气化出气管路结霜的原因及处理措施总结如下：

（1）结霜原因：

① 湿气凝结：当罐体内温度低于露点温度时，湿气会凝结成水滴并在罐壁上形成冰霜。尤其在非真空隔热的传导接口处，空气中的水蒸气遇到低温管路会立刻凝华成霜。

② 使用量过大：液氮的过量使用可能导致结霜现象加剧。

③ 气化器设计问题：气化器选型过小，无法满足瞬时通过量的需求，也会导致结霜。

④ 瓶体下部结霜：通常是由于正在利用增压回路进行增压，若瓶内压力低于增压调节阀设定值，此现象为正常。

⑤ 瓶顶结霜：可能是上次充装或以前用气造成的，属于正常现象。

⑥ 瓶体均匀结霜：可能因真空度丧失或用气量过高导致，若同时出现升压速度快及频繁的安全阀起跳，则属异常情况。

⑦ 瓶体个别部位结霜：内部可能有损坏，需要进一步检查。

（2）处理措施：

① 控制湿度：保持存放区域的相对湿度低，使用除湿机或加湿器调节室内湿度，同时在罐内放置干燥剂以吸附湿气。

② 加强绝缘：在罐体外部增加保温层，如聚苯乙烯泡沫，提高保温性能。选择具有良好保温性能的罐体材质。

③ 优化液氮管理：合理控制液氮供应量，避免过量。定期检查液氮罐的液位，及时补充，并清理内部冷凝物。

④ 增加气化器数量或提高气化能力：针对气化器设计问题，可以增加气化器数量或使用更高效的气化器以满足需求。考虑采用气化器并联使用

的方式，并进行定期切换和除霜。

⑤ 使用辅助工具除霜：如已出现结霜，可采用电热丝、加热棒等加热设备融化霜冻，或使用刮刀、刷子等工具清除霜冻。操作时需注意避免过度加热或对管线造成损坏，并确保安全。

⑥ 返厂修理：对于瓶体均匀结霜或个别部位结霜的情况，若怀疑内部损坏，应及时联系厂家进行修理。

【关键词】液氮杜瓦罐瓶身和瓶顶气化出气管路结霜的原因多样，处理措施需根据具体情况选择。在操作过程中，务必注意安全，遵循操作规程，防止意外发生。如遇到无法解决的问题，建议及时联系专业人员进行指导和处理。

问 134 天然气、液化石油气和人工煤气能不能同时存放或使用？

答： 没有规定天然气、液化石油气和人工煤气不能同时存放，但不能同炉灶混用：

（1）因为压力是不一样，所以燃气的喷嘴孔径是不一样的。

（2）各自成分不同，燃烧时所需要的氧气量不同，正常情况下，如天然气燃烧所需氧气量小于液化气完全燃烧所需的氧气量。

（3）参考《家用燃气灶具》（GB 16410—2020）。

因此，天然气、液化石油气和人工煤气在存放方面没有明确规定不能同时存放，但在使用时应避免同炉灶混用。这主要是因为它们的压力不同，导致燃气喷嘴的孔径也不同；同时，它们的成分各异，燃烧时所需的氧气量也有所不同。因此，虽然可以同时存放这些气体，但为了确保安全和使用效率，应避免在同一炉灶上混用它们。

小结： 天然气、液化石油气和人工煤气在存放方面没有明确规定不能同时存放，但在使用时应避免同炉灶混用。

问 135 乙炔气瓶可以用叉车运输吗？

答： 可以，但有相应的要求。

参考《气瓶搬运、装卸、储存和使用安全规定》（GB/T 34525—2017）

7.1.3　不应使用翻斗车或铲车搬运气瓶，叉车搬运时应将气瓶装入集装格或集装篮内。

小结： 乙炔气瓶可以用叉车运输，但必须满足相关标准规定的安全措施。

问 136 乙炔、丙烷等空瓶必须放在库房里吗？有没有相关规范？

答： 可以放在敞棚内，可参考《石油化工企业设计防火标准》（GB 50160—2008，2018 年版）5.2.24 条。若是机械制造企业，工作现场的气瓶，同一地点存放量不得超过 20 瓶；超过 20 瓶则应建二级气瓶库。

规范要求压缩气体、液化气体气瓶应留有不少于规定充装量的剩余气体，所以，乙炔、丙烷等空瓶必须放在库房里有据可依，这里的空瓶，不是字面意义的空瓶。

参考 1 《石油化工企业设计防火标准》（GB 50160—2008，2018 年版）

5.2.24　可燃气体和助燃气体的钢瓶（含实瓶和空瓶），应分别存放在位于装置边缘的敞棚内。可燃气体的钢瓶距明火或操作温度等于或高于自燃点的设备防火间距不应小于 15m。分析专用的钢瓶储存间可靠近分析室布置，钢瓶储存间的建筑设计应满足泄压要求。

参考 2 《精细化工企业工程设计防火标准》（GB 51283—2020）

5.5.3　供生产设施专用的可燃和助燃气体（液化气体）钢瓶的总几何容积不应大于 $1m^3$，且分别存放在位于生产设施边缘的敞篷内或厂房内靠外墙的钢瓶间内，并有钢瓶架等可靠的固定措施厂房内钢瓶间与其他区域应采用防火墙分隔；当厂房内其他区域同一时间工作人数超过 10 人时，应采用防爆墙分隔。可燃气体的钢瓶距明火或散发火花地点的防火间距不应小于 15m。

小结： 乙炔、丙烷等空瓶可以放在其他敞棚内，但必须做好固定、防火和隔热措施。

问 137 剧毒或压力气瓶不得用叉车搬运出自哪个规范？

答： 剧毒或压力气瓶不得用叉车搬运不是绝对的，取决于气瓶的充装量及搬运工具的安全系数。

参考1 《液氯使用安全技术要求》(AQ 3014—2008)

6.2.1.1 充装量为100kg、500kg和1000kg的气瓶装卸时，应采取起重机械，不应使用叉车装卸。

参考2 《氯气安全规程》(GB 11984—2008)

8.1.3 充装量为100kg、500kg和1000kg的气瓶装卸时，应采用起重机械，起重量应大于重瓶重量的一倍以上，并挂钩牢固。不应使用叉车装卸。

参考3 《气瓶搬运、装卸、储存和使用安全规定》(GB/T 34525—2017)

第6条 搬运、装卸设备

6.1 各种搬运、装卸机械、工具，应有可靠的安全系数。

6.2 搬运、装卸易燃易爆气瓶的机械、工具，应具有防爆、消除静电或避免产生火花的措施。

第7条 气瓶的搬运和装卸

7.1 气瓶的搬运

7.1.1 近距离搬运气瓶，凹形底气瓶及带圆形底座气瓶可采用徒手倾斜滚动的方式搬运，方形底座气瓶应使用稳妥、省力的专用小车搬运。距离较远或路面不平时，应使用特制机械、工具搬运，并用铁链等妥善加以固定。不应用肩扛、背驮、怀抱、臂挟、托举或二人抬运的方式搬运。

7.1.2 不同性质的气瓶同时搬运时，其配装应按《危险货物道路运输规则》JT/T 617规定的危险货物配装表的要求执行。

7.1.3 不应使用翻斗车或铲车搬运气瓶，叉车搬运时应将气瓶装入集装格或集装篮内。

小结：剧毒或压力气瓶能否使用叉车搬运是根据气瓶的储量来综合分析选择，但是一旦采用叉车运输，必须确保叉车的安全运输。

问138 气瓶储存满瓶和空瓶分开储存，有没有明确距离要求？

具体问题：气瓶储存满瓶和空瓶分开储存，按照《气瓶搬运、装卸、储存和使用安全规定》(GB/T 34525—2017) 第8.2.2条：入库的空瓶、实瓶和不合格瓶应分别存放，并有明显区域和标志。没有明确距离要求，如图所示存在一起采用钢筋隔开，在一个空间储存是否符合此项要求?

答： 符合要求。

参考1 《气瓶搬运、装卸、储存和使用安全规定》(GB/T 34525—2017)

8.2.2　入库的空瓶、实瓶和不合格瓶应分别存放，并有明显区域和标志。

参考2 《建设工程施工现场消防安全技术规范》(GB 50720—2011)

6.3.3　气瓶应分类储存，库房内应通风良好；空瓶和实瓶同库存放时，应分开放置，空瓶和实瓶的间距不应小于1.5m。

小结： 入库的空瓶、实瓶和不合格瓶应分别存放，并有明显区域和标志，另空瓶和实瓶的间距不应小于1.5m。

HEALTH SAFETY
ENVIRONMENT

附件

主要参考的法律法规及标准清单

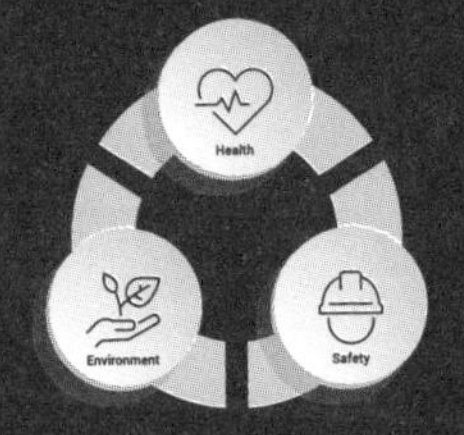

一、法规

1.《道路危险货物运输管理规定》（交通运输部令〔2023〕13 号）

2.《关于督促整改安全隐患问题的函》（安监总厅管三函〔2018〕27 号）

3.《关于加强化工过程安全管理的指导意见》（安监总管三〔2013〕88 号）

4.《关于进一步加强危险化学品安全生产工作的指导意见》（安委办〔2008〕26 号）

5.《关于氯气安全设施和应急技术的指导意见》（中国氯碱工业协会〔2010〕协字第 070 号）

6. 关于危险化学品企业贯彻落实《国务院关于进一步加强企业安全生产工作的通知》的实施意见（安监总管三〔2010〕186 号）

7.《国家安全监管总局关于进一步加强非药品类易制毒化学品监管工作的指导意见》（安监总管三〔2012〕79 号）

8.《国务院安委会办公室关于进一步加强危险化学品安全生产工作的指导意见》（安委办〔2008〕26 号）

9.《化工和危险化学品生产经营单位重大生产安全事故隐患判定标准（试行）》（安监总管三〔2017〕121 号）

10.《淘汰落后危险化学品安全生产工艺技术设备目录（第一批）》的通知（应急厅〔2020〕38 号）

11.《危险化学品企业安全风险隐患排查治理导则》（应急〔2019〕78 号）

12.《危险化学品企业重大危险源安全包保责任制办法（试行）》（应急厅〔2021〕12 号）

13.《危险化学品重大危险源监督管理暂行规定》（国家安全监管总局令第 40 号，第 79 号修订）

14.《易制爆危险化学品治安管理办法》（公安部令第 154 号）

15.《危险化学品安全管理条例》（国务院第 591 号，2013 年修正）

16.《危险化学品安全使用许可适用行业目录（2013 年版）》（安监总局公告 2013 年第 3 号）

17.《危险化学品安全技术全书》（第三版）（化学工业出版社，2018 年）

18.《危险化学品经营许可证管理办法》（国家安全监管总局令第 55 号，第 79 号修订）

19.《危险化学品目录》（2015 年版）

20.《国家危险废物名录》（2025 版）

21.《高毒物品目录》（卫法监发〔2003〕142 号）

22.《工贸行业重点可燃性粉尘目录》（2015 版）

23.《危险化学品使用量的数量标准（2013 年版）》

24.《油气储存企业安全风险评估指南》（试行）

25.《油气储存企业紧急切断系统基本要求（试行）》

26.《关于印发中国石化易燃和可燃液体常压储罐区整改指导意见（试行）的通知》（安非〔2018〕477 号）

27.《国际油轮与油码头安全指南（第 5 版）》

二、标准

28.《氯气安全规程》GB 11984—2008

29.《包装容器　危险品包装用塑料桶》GB 18191—2008

30.《爆炸危险环境电力装置设计规范》GB 50058—2014

31.《储罐区防火堤设计规范》GB 50351—2014

32.《道路运输液体危险货物罐式车辆 第 1 部分：金属常压罐体技术要求》GB 18564.1—2019

33.《电气装置安装工程接地装置施工及验收规范》GB 50169—2016

34.《毒害性商品储存养护技术条件》GB 17916—2013

35.《防止静电事故通用导则》GB 12158—2006

36.《腐蚀性商品储存养护技术条件》GB 17915—2013

37.《钢制球形储罐》GB 12337—2014

38.《工业企业总平面设计规范》GB 50187—2012

39.《化工企业总图运输设计规范》GB 50489—2009

40.《化学工业循环冷却水系统设计规范》GB 50648—2011

41.《混凝土结构设计标准（2024 年版）》GB/T 50010—2010

42.《机械工程建设项目职业安全卫生设计规范》GB 51155—2016
43.《加氢站技术规范》GB 50516—2010（2021 年版）
44.《家用燃气灶具》GB 16410—2020
45.《建设工程施工现场消防安全技术规范》GB 50720—2011
46.《建筑设计防火规范》GB 50016—2014（2018 年版）
47.《建筑物防雷设计规范》GB 50057—2010
48.《精细化工企业工程设计防火标准》GB 51283—2020
49.《立式圆筒形钢制焊接油罐设计规范》GB 50341—2014
50.《煤化工工程设计防火标准》GB 51428—2021
51.《民用建筑电气设计标准》GB 51348—2019
52.《汽车加油加气加氢站技术标准》GB 50156—2021
53.《砌体结构设计规范》GB 50003—2011
54.《生活饮用水卫生标准》GB 5749—2022
55.《石油化工工厂布置设计规范》GB 50984—2014
56.《石油化工企业设计防火标准》GB 50160—2008（2018 年版）
57.《石油化工全厂性仓库及堆场设计规范》GB 50475—2008
58.《石油化工装置防雷设计规范》GB 50650—2011（2022 年版）
59.《石油库设计规范》GB 50074—2014
60.《输气管道工程设计规范》GB 50251—2015
61.《输油管道工程设计规范》GB 50253—2014
62.《天然气液化工厂设计标准》GB 51261—2019
63.《危险废物储存污染控制标准》GB 18597—2023
64.《危险化学品仓库储存通则》GB 15603—2022
65.《危险化学品经营企业安全技术基本要求》GB 18265—2019
66.《危险化学品企业特殊作业安全规范》GB 30871—2022
67.《危险化学品重大危险源辨识》GB 18218—2018
68.《危险货物品名表》GB 12268—2012
69.《压缩天然气供应站设计规范》GB 51102—2016
70.《氧气站设计规范》GB 50030—2013
71.《液化石油气供应工程设计规范》GB 51142—2015
72.《液化天然气接收站工程设计规范》GB 51156—2015
73.《液体石油产品静电安全规程》GB 13348—2009

74.《易燃易爆罐区安全监控预警系统验收技术要求》GB 17681—1999

75.《易燃易爆性商品储存养护技术条件》GB 17914—2013

76.《油田油气集输设计规范》GB 50350—2015

77.《化学品分类和标签规范　第 18 部分：急性毒性》GB 30000.18—2013

78.《职业性接触毒物危害程度分级》GBZ 230—2010

79.《工作场所有毒气体检测报警装置设置规范》GBZ/T 223—2009

80.《包装容器　钢桶　通用技术要求》GB/T 325.1—2018

81.《波纹金属软管通用技术条件》GB/T 14525—2010

82.《纯氮、高纯氮和超纯氮》GB/T 8979—2008

83.《低温液化气体安全指南》GB/T 35528—2017

84.《电石生产安全技术规程》GB/T 32375—2015

85.《工业建筑防腐蚀设计标准》GB/T 50046—2018

86.《工业硫磺　第 1 部分：固体产品》GB/T 2449.1—2014

87.《化工建设项目环境保护工程设计标准》GB/T 50483—2019

88.《化学品安全技术说明书 内容和项目顺序》GB/T 16483—2008

89.《化学品安全技术说明书编写指南》GB/T 17519—2013

90.《建筑物雷电防护装置检测技术规范》GB/T 21431—2023

91.《气瓶搬运、装卸、储存和使用安全规定》GB/T 34525—2017

92.《石油化工可燃气体和有毒气体检测报警设计标准》GB/T 50493—2019

93.《石油化工液体物料铁路装卸车设施设计规范》GB/T 51246—2017

94.《危险化学品生产企业反恐怖防范要求》GA 1804—2022

95.《碳化钙（电石）》GB/T 10665—2004

96.《橡胶和塑料软管及软管组合件 选择、储存、使用和维护指南》GB/T 9576—2019

97.《硝酸铵》GB/T 2945—2017

98.《压力管道规范　长输管道》GB/T 34275—2017

99.《眼面部防护　应急喷淋和洗眼设备　第 2 部分：使用指南》GB/T 38144.2—2019

100.《液化气体设备用紧急切断阀》GB/T 22653—2008

101.《液化天然气（LNG）加液装置》GB/T 41319—2022

102.《液化天然气（LNG）生产、储存和装运》GB/T 20368—2021
103.《油气回收处理设施技术标准》GB/T 50759—2022
104.《电石生产企业安全生产标准化实施指南》AQ 3038—2010
105.《化工企业液化烃储罐区安全管理规范》AQ 3059—2023
106.《加油站作业安全规范》AQ 3010—2022
107.《立式圆筒形钢制焊接储罐安全技术规程》AQ 3053—2015
108.《危险场所电气防爆安全规范》AQ 3009—2007
109.《危险化学品从业单位安全标准化通用规范》AQ 3013—2008
110.《危险化学品重大危险源　罐区现场安全监控装备设置规范》AQ 3036—2010
111.《液氯使用安全技术要求》AQ 3014—2008
112.《石油化工厂区绿化设计规范》SH/T 3008—2017
113.《石油化工储运系统罐区设计规范》SH/T 3007—2014
114.《石油化工氮氧系统设计规范》SH/T 3106—2019
115.《石油化工给水排水系统设计规范》SH/T 3015—2019
116.《石油化工管道柔性设计规范》SH/T 3041—2016
117.《石油化工管道用金属软管选用、检验及验收规范》SH/T 3412—2017
118.《石油化工罐区自动化系统设计规范》SH/T 3184—2017
119.《石油化工环境保护设计规范》SH/T 3024—2017
120.《石油化工紧急冲淋系统设计规范》SH/T 3205—2019
121.《石油化工企业职业安全卫生设计规范》SH/T 3047—2021
122.《石油化工液化烃球形储罐设计规范》SH 3136—2003
123.《石油化工仪表管道线路设计规范》SH/T 3019—2016
124.《石油化工有毒、可燃介质钢制管道工程施工及验收规范》SH/T 3501—2021
125.《石油化工中心化验室设计规范》SH/T 3103—2019
126.《液化烃球形储罐安全设计规范》SH 3136—2003
127.《仓储场所消防安全管理通则》XF 1131—2014
128.《低温液体储运设备 使用安全规则》JB/T 6898—2015
129.《电力设备典型消防规程》DL 5027—2015
130.《火力发电企业生产安全设施配置》DL/T 1123—2009

131.《防静电推荐作法》SY/T 6340—2010

132.《防止静电、雷电和杂散电流引燃的措施》SY/T 6319—2016

133.《立式圆筒形钢制焊接油罐操作维护修理规范》SY/T 5921—2017

134.《石油地质实验室安全规程》SY/T 6014—2019

135.《房屋建筑统一编码与基本属性数据标准》JGJ/T 496—2022

136.《科研建筑设计标准》JG/T 91—2019

137.《化工企业安全卫生设计规范》HG 20571—2014

138.《化工装置设备布置设计规定　第 5 部分：设计技术规定》HG/T 20546.5—2009

139.《气封的设置》HG/T 20570.16—1995

140.《手动液体装卸臂通用技术条件》HG/T 2040—2007

141.《液体装卸臂工程技术要求》HG/T 21608—2012

142.《码头油气回收船岸安全装置》JT/T 1333—2020

143.《码头油气回收处理设施建设技术规范》JTS/T 196-12—2023

144.《危险货物道路运输规则 第 6 部分：装卸条件及作业要求》JT/T 617.6—2018

145.《易制爆危险化学品储存场所治安防范要求》GA 1511—2018

146.《固定式压力容器安全技术监察规程》TSG 21—2016/XG 1—2020

147.《特种设备生产和充装单位许可规则》TSG 07—2019

148.《移动式压力容器安全技术监察规程》TSGR 0005—2011

149.《单位消防安全管理规范》DB32/T 4444—2023

150.《工业企业实验室危险化学品安全管理规范》DB23/T 2824—2021

151.《企业实验室危险化学品安全管理规范》DB22/T 3037—2019

152.《实验室危险化学品安全管理规范 第 1 部分：工业企业》DB11/T 1191.1—2018

153.《危险化学品储存柜安全技术要求及管理规范》DB4403/T 79—2020

154.《危险化学品中间仓库安全管理规范》DB4403/T 80—2020

155.《小型液化天然气气化站技术规范》DB3204/T 1013—2020

156.《电石装置安全设计规范》T/CCIAC 001—2021

157.《化工企业变更管理实施规范》T/CCSAS 007—2020

158.《化学化工实验室安全管理规范》T/CCSAS 005—2019

159.《散装液体化学品罐式车辆装卸安全作业规范》T/CFLP 0026—2020

160.《汽车运输、装卸危险货物安全规程》Q/SH1020 2064—2010

161.《石化企业水体环境风险防控技术要求》Q/SH 0729—2018

162.《仓储业防尘防毒技术规范》WS 712—2012